电能计量资产
智能仓储应用

主　编◎金烨　周蔚
副主编◎王睿　朱赟　张斌　周刚

中国电力出版社
CHINA ELECTRIC POWER PRESS

内 容 提 要

为进一步推进电能计量资产智能仓储建设，深化计量物资集约化管理，规范各省、市、县供电公司仓储管理，优化业务流程，统一建设标准，支撑营销体系顺畅运行，保证计量资产管理的准确高效，实现资产的精细化管理、提高资产利用率。本书编写组结合《国家电网公司仓库标准化指导意见》《国家电网公司仓库建设（改造）标准》《国网浙江省电力有限公司二、三级表库建设与管理指导意见》等文件，立足电能计量资产智能仓储建设实际进行编写。

本书具有较强的指导性和实用性，共包括九章，分别为概述、智能箱表库、智能托盘库、智能子母仓储库、数字化融合仓、智能周转仓、智能高压互感器仓库和典型案例。

本书可作为从事电能计量资产工作的技术人员和相关管理人员学习参考的材料。

图书在版编目（CIP）数据

电能计量资产智能仓储应用/金烨，周蔚主编. —北京：中国电力出版社，2023.12
ISBN 978-7-5198-8543-4

Ⅰ.①电… Ⅱ.①金… ②周… Ⅲ.①电能计量—资产管理—仓储系统—智能控制 Ⅳ.①TB971

中国国家版本馆 CIP 数据核字（2024）第 015877 号

出版发行：中国电力出版社
地 址：北京市东城区北京站西街 19 号（邮政编码 100005）
网 址：http://www.cepp.sgcc.com.cn
责任编辑：邓慧都（010-63412636）
责任校对：黄 蓓 马 宁
装帧设计：郝晓燕
责任印制：石 雷

印 刷：三河市万龙印装有限公司
版 次：2023 年 12 月第一版
印 次：2023 年 12 月北京第一次印刷
开 本：787 毫米×1092 毫米 16 开本
印 张：13.5
字 数：275 千字
定 价：78.00 元

编委会

主　任：邢建旭　　方建亮

副主任：陈肖烈　　江锡忠　　吴　虹　　糜晓波　　沈　超　　朱　晔

编　委：高小飞　　屠晓栋　　仲立军　　莫加杰　　张　宏　　李　春
　　　　徐圆圆　　杨玉锐　　周　旻　　顾华忠　　姚宝明　　袁　力
　　　　武　威　　李文涛　　刘惺惺　　张卫康　　孙一凡　　褚明华
　　　　汤东升　　杜　超　　张　捷　　陈　超

编写组

主　编：金　烨　　周　蔚

副主编：王　睿　　朱　赟　　张　斌　　周　刚

成　员：郭　松　　过　浩　　沈嘉平　　满　忆　　梁义文　　陈胤彤
　　　　杨东翰　　徐　茜　　张玥劼　　张田丰　　汤化国　　孙　琦
　　　　刘嘉明　　黄成建　　刘　苏　　钱金跃　　奕仲飞　　张　威
　　　　齐振宇　　吴玮华　　张知宇　　吴　嵩　　王炜韬　　杨汀企
　　　　沈超伦　　李伟琦　　李　峰　　汪晓东　　汪自立　　屠悦斐
　　　　梁沁韵　　崔益蓉　　柴连兴　　吴　昊

前 言

　　智能仓储是研究电能计量资产智能管理的关键技术，旨在提高能源管理的效率、准确性和可持续性。通过先进的传感器、数据采集和分析技术，智能仓储能够实时监测和分析电能计量资产的数据，提高能源管理的效率。数据的准确性得以提高，减少了人工操作所带来的误差和遗漏。此外，智能仓储支持能源决策的智能化，通过对实时数据的分析，能源管理者可以更好地了解能源消费模式和趋势，从而制定更优化的能源使用策略。智能仓储还能够通过监测和分析数据，发现能源浪费和低效的设备或系统，进而采取相应的节能措施，促进可持续发展。在电力市场化和能源管理要求提高的背景下，智能仓储满足了市场需求和法规要求，成为电力产品供应商和市场监管机构的关键工具。故研究电能计量资产智能仓储对于实现能源的高效利用和促进可持续发展具有重要意义。

　　本书将理论与实践相结合，内容详实、解析细致、语言平实、通俗易懂。从智能仓储建设者的角度出发，系统地介绍了电能计量资产智能仓储的主要架构、各类软硬件设备、典型案例的呈现以及相应的管理制度，具有较强的指导性和实用性。

　　全书共有九章内容，第一章为概述，主要介绍电能计量资产仓储管理智能化发展历程、现代计量资产仓储管理体系以及未来智能仓储的发展趋势。第二章至第七章介绍了智能化计量仓储系统中的主要功能仓库，分别为智能箱表库、智能托盘库、智能子母仓储库、数字化融合仓、智能周转仓、智能高压互感器仓库，并在各章节中详细地介绍了每种仓库常见的软硬件设备、相关计量业务应用与出入库管理流程。第八章介绍了上述几种仓库的典型案例，让读者对各仓库建立直观地认识。第九章为仓库管理制度，包括安全管理、设备管理及保养、库房环境管理、库房制度管理以及标准化建设等内容。

本书立足于仓库管理员的业务实际，可供电能计量资产智能仓库操作人员和管理人员学习与参考。建议初学者按照章节顺序进行阅读，有一定基础的读者可直接学习第二至八章的内容。

本书编写人员由长期扎根于计量资产智能仓储管理生产一线的骨干组成，专业技术扎实，具有丰富的计量资产智能化仓储管理经验，为高质量、高水平完成本书的编写提供了有力的保障。同时，本书的顺利出版离不开上级领导和行业同仁的大力支持，在此对他们表示由衷的感谢。

限于编者经验和水平，加之成书时间仓促，本书编写过程中难免有遗漏或不足之处，敬请广大同仁提出宝贵的意见和建议，以便我们后续改进。

编者
2023 年 8 月

目 录

第一章 概 述

第一节 电能计量资产仓储管理智能化发展历程

目前，电能计量资产仓储管理的智能化发展历程可以分为人工化、电子化、数字化、智能化和集成化五个阶段，具体如下。

（1）人工化阶段：早期，电能计量资产仓储管理严重依赖于人工，管理人员需要直接对电能计量资产进行人工监控，主要包括手写记录、手工贴标签等，因此也就导致人工化阶段的电能计量资产仓储管理效率非常低下，并且出错率高，难以满足企业正常生产经营的需求。

（2）电子化阶段：随着计算机技术的快速发展，企业开始逐步引入信息化管理手段，电能计量资产仓储方面也同步开始使用信息化系统进行管理，如采用电子标签、电子档案等技术，最终实现资产的自动登记、实时监控、报表生成等功能。相比人工化阶段，虽然电子化阶段的管理效率有所提升，但是仍然需要较多的人工资源参与管理。

（3）数字化阶段：随着物联网、人工智能（AI）技术的发展，电能计量资产仓储管理进入了数字化阶段。通过应用数字化手段，管理系统可以实现资产的自动识别、定位、状态监控和自动盘点等功能，实时掌握资产的状态信息，持续提升电能计量资产仓储管理效率。同时，借助 AI 技术可以对大量的数据进行分析和预测，辅助计量业务的开展和管理策略的决策。

（4）智能化阶段：随着数字化技术、云计算技术的不断涌现，电能计量资产仓储管理逐步向智能化转变，智能化阶段的电能计量资产仓储管理系统将数字化技术与 AI 技术有机结合，借助智能标签、传感器等技术进行资产管理，实现实时监测、远程管理、自动化控制等功能，大幅度提升管理效率和准确性。同时，智能化系统可以根据历史数据和实时数据进行自动匹配优化，实现电能计量资产的自动调配。此外，智能化系统还能对资产进行全生命周期管理，不断提高资产的利用率。

（5）集成化阶段：在智能化阶段的基础上，随着技术的迭代更新，电能计量资产仓储管理逐步向数据集成化阶段发展，借助数据分析、机器学习等技术对电能计量资产仓储管

1

理进行深度分析和迭代升级，为企业提供更加精准的管理决策，同时电能计量资产仓储管理系统进一步实现与企业财务系统、生产系统、供应链系统等业务系统的集成，实现系统之间的无缝对接，为企业提供全面的数字化、智能化支持。

总之，电能计量资产仓储管理智能化发展历程是一个不断演进的过程，随着技术的不断进步以及企业需求的不断变化，管理系统将逐渐提升自动化程度、智能化水平和集成化程度，为企业创造更大的价值。

第二节　现代计量资产仓储管理体系

一、智能仓储在计量资产管理中的定位

智能仓储在计量资产管理中的定位是不断提高计量资产管理的效率和准确性。计量资产是企业生产经营中不可或缺的重要资产，如各种类型电能表、计量互感器、用电信息采集终端、计量标准（试验）设备、低压计量箱、计量周转柜、封印、抢修计量周转箱、采集通信单元、计量现场手持设备、互感器回路状态巡检仪、开关等，通过对上述计量资产进行定期检测、维护、校准等，以确保其准确性和可靠性，主要定位包括：

（1）实时监控与管理。智能仓储通过智能化的设备和系统，如采用传感器、云计算等技术对资产位置、状态、性能等进行实时监控，便于及时发现问题并妥善处理，实现资产的精细化管理。

（2）数据整合与分析。智能仓储应用大数据技术可以辅助整合管理人员、分析海量数据，同时辅助做好决策，从而提高资产利用率。

（3）故障预警与维护。智能仓储系统可以对资产运行状态进行实时监控，便于提前发现潜在的故障隐患，最终实现故障预警和维修的智能化。

（4）资产优化与调度。借助智能仓储系统的数据分析能力，实时预测设备使用情况，最终对设备的调度和维护做出智能化的优化。

（5）提升仓储效率与降低成本。智能仓储系统通过自动化、智能化的操作流程，可以实现对计量资产的自动化控制，不断提升管理效率和准确性，并进一步降低运营成本。

（6）透明度与可视化。智能仓储系统依托大数据技术对计量资产进行数据分析，并提供数据可视化能力，便于管理者清晰地观察仓库的运行状态，了解资产的流动性和利用率，进一步提升决策效率。

总之，智能仓储在电能计量资产管理中的定位，应当是一个全方位的、数据驱动的、智能化的资产管理手段，可以帮助企业提高运营效率，降低运营成本，并不断提升资产的使用价值和经营效益。

二、仓储类别划分

目前，根据适用的货物类型和使用场景有所不同，电能计量资产仓储分为智能托盘库、智能箱表库、智能周转柜三类。智能托盘库、智能箱表库和智能周转柜都是基于物联网技术和智能硬件设备发展的智能仓储解决方案，都具有自动化管理、提高效率、精确度高、可追溯性、节省人力成本等优点，但也存在一些缺点，如设备成本高、技术要求高、数据安全问题和网络故障影响等。

（1）智能托盘库是一种高密度存储的智能仓储系统，适用于存储各种货物，包括托盘、包裹和纸箱等。它采用自动化设备和人工智能技术，可以实现货物的自动化存取、管理和跟踪。

（2）智能箱表库是一种采用自动化设备和技术进行货物管理和存储的智能仓储系统。它采用数字化管理方式，可以精确记录货物的存储位置和数量，实现货物的自动化存取和跟踪。

（3）智能周转柜是一种基于物联网技术和智能硬件设备的智能仓储解决方案。它采用智能化管理和数字化追踪技术，可以实现货物的自动化存取、管理和跟踪。智能周转柜适用于各种行业，包括制造业、物流配送和零售等。

总的来说，智能托盘库、智能箱表库和智能周转柜的应用可以提高仓库的管理效率、减少人力成本、提高存储密度和可追溯性等，但在应用时也需要考虑设备成本、技术要求、数据安全和网络故障等问题，需要制定合理的应用方案和管理措施。

表 1-1～表 1-3 详细介绍智能托盘库、智能箱表库和智能周转柜的优缺点：

表 1-1　　　　　　　　　　智能托盘库优缺点

优点	缺点
高效率：采用先进的自动化技术，可以快速、准确地完成货物的存取操作，大大提高了仓库的管理效率	无法避免物品损坏：虽然采用了一些保护措施，但是仍然无法完全避免物品的损坏，特别是对于一些易碎、易变形的物品
精准管理：采用数字化管理方式，可以精确记录货物的存储位置和数量，有效避免货物丢失或混淆的情况发生	对于体积较大的物品支持有限：智能托盘库主要适用于存储小型货物，对于一些体积较大、形状特殊的货物支持有限
灵活性强：可以根据实际需求进行个性化定制，适应不同类型的货物存储需求，同时可以根据货物的特点和形状进行灵活的存储设计	安全性存在隐患：智能托盘库采用了一些安全措施，但是仍然存在一些安全隐患，例如设备故障、网络攻击等问题，需要加强安全管理
节省空间：采用高密度存储设计，可以大大提高仓库的存储容量，从而有效节省空间	成本较高：智能托盘库的设备成本和维护成本较高，需要投入一定的资金和人力资源，对于一些中小型企业而言可能存在一定的经济压力
自动化程度高：采用自动化设备进行货物的存取操作，可以减轻人工操作的工作量，提高工作效率	—

综上所述，智能托盘库具有高效率、精准管理、灵活性强、节省空间和自动化程度高

等优点，但是也存在物品损坏、支持有限、安全性存在隐患和成本较高等缺点。在应用时需要根据实际需求和预算进行综合考虑。

表 1-2 智能箱表库优缺点

优点	缺点
自动化管理：智能箱表库采用自动化技术进行管理，可以自动记录货物的存储位置和数量，实现货物的自动化存取，大大提高了仓库的管理效率。同时，智能箱表库也可以实现自动化盘点，快速准确地清点和统计库存货物，有利于企业对于库存进行整体管控	设备成本高：智能箱表库的设备成本较高，需要投入大量的资金进行设备采购和建设，对于一些中小型企业而言可能存在一定的经济压力
提高效率：智能箱表库的存取速度较快，可以快速完成货物的出入库和移库操作，提高了仓库的整体运作效率。同时，智能箱表库可以实现 24 小时不间断作业，提高了仓库的作业时间和作业效率	技术要求高：智能箱表库的运作需要依赖先进的自动化技术和信息技术，对于技术要求较高，需要具备专业的技术人才进行维护和管理，同时也需要投入一定的技术研发和更新成本
精确度高：智能箱表库采用数字化管理方式，可以精确记录货物的存储位置和数量，有效避免货物丢失或混淆的情况发生。同时，智能箱表库也可以实现货物信息的精确管理，可以帮助企业更好地掌握库存情况，更好地进行生产和销售规划	数据安全问题：智能箱表库涉及大量的货物信息和数据，需要采取有效的数据安全措施进行保护，避免数据泄漏和丢失
可追溯性：智能箱表库可以实现货物的全程追溯管理，从货物的入库、出库、移库到退货等环节都可以进行跟踪和管理，有利于企业实现全过程质量控制和追溯，提高产品质量和安全管理水平	网络故障影响：智能箱表库依赖于网络进行数据传输和管理，如果网络出现故障，可能会对智能箱表库的运作产生一定的影响，需要采取相应的备份和应急措施来保障仓库的正常运作
节省人力成本：智能箱表库采用自动化设备进行货物的存取操作，可以减轻人工操作的工作量，节省人力成本，同时也可以减少人为错误和失误，提高工作效率和准确性	—

综上所述，智能箱表库具有自动化管理、提高效率、精确度高、可追溯性、节省人力成本等优点，但是也存在设备成本高、技术要求高、数据安全问题和网络故障影响等缺点。在应用时需要根据实际需求和预算进行综合考虑，制订合理的应用方案和管理措施。

表 1-3 智能周转柜优缺点

优点	缺点
自动化管理：智能周转柜采用自动化技术进行管理，可以自动记录货物的存储位置和数量，实现货物的自动化存取，大大提高了仓库的管理效率	技术要求高：智能周转柜的运作需要依赖先进的自动化技术和信息技术，对于技术要求较高，需要具备专业的技术人才进行维护和管理，同时也需要投入一定的技术研发和更新成本
提高效率：智能周转柜的存取速度较快，可以快速完成货物的出入库和移库操作，提高了仓库的整体运作效率	存放空间有限，无法满足大批物资存放统计需求
精确度高：智能周转柜采用数字化管理方式，可以精确记录货物的存储位置和数量，有效避免货物丢失或混淆的情况发生	数据安全问题：智能周转柜涉及大量的货物信息和数据，需要采取有效的数据安全措施进行保护，避免数据泄漏和丢失
可追溯性：智能周转柜可以实现货物的全程追溯管理，从货物的入库、出库、移库到退货等环节都可以进行跟踪和管理，有利于企业实现全过程质量控制和追溯，提高产品质量和安全管理水平	网络故障影响：智能周转柜依赖于网络进行数据传输和管理，如果网络出现故障，可能会对智能周转柜的运作产生一定的影响，需要采取相应的备份和应急措施来保障仓库的正常运作

续

优点	缺点
节省人力成本：智能周转柜采用自动化设备进行货物的存取操作，可以减轻人工操作的工作量，节省人力成本，同时也可以减少人为错误和失误，提高工作效率和准确性。应用于小型单体设备存储，取放简单	—

综上所述，智能周转柜是一种基于物联网技术和智能硬件设备的智能仓储解决方案，具有自动化管理、提高效率、精确度高、可追溯性、节省人力成本等优点，但也存在一些缺点，如设备成本高、技术要求高、数据安全问题和网络故障影响等。

第三节　智能仓储的发展趋势

智能仓储的发展趋势正逐步向更加绿色化、智能化、物联化的方向发展，目前，智能仓储建设以绿色环保理念为基础，引入自动化的物流设备和高度信息化的系统，实现仓库的高度智能化、数字化运作。

智能仓储建设的目标包含三个层次，一是智能仓储的基础，即仓库建筑的绿色化；二是智能仓储建设的关键，即仓储作业智能化；三是智能仓储的转变，即仓储管理的数字化和智慧园区建设的物联化，这些变化将主要体现在仓储作业方式智能化、控制系统平台化、应用场景多样化。

一、作业方式智能化

智能作业设计从电力行业物资物理特性及存储要求出发，合理配置装卸、搬运、存储、拣选等智能化仓储设备和作业设备，完成各种类型电能表、计量互感器、用电信息采集终端、计量标准（试验）设备、低压计量箱、计量周转柜、封印、抢修计量周转箱、采集通信单元、计量现场手持设备、互感器回路状态巡检仪、开关等计量资产的收、发、存等业务流程的智能化作业。

1. 智能仓储设备

根据计量资产物理特性和存储要求特点，将计量资产的存储分类为电能表、计量互感器、用电信息采集终端、计量标准（试验）设备、低压计量箱、计量周转柜、封印、抢修计量周转箱、采集通信单元、计量现场手持设备、互感器回路状态巡检仪、开关等存储。

2. 智能作业设备

智能作业设备的选择应挑选技术先进、经济合理、安全适用、绿色环保的设备，最大限度发挥自动化设备优势，提升仓储作业水平。设备选型时应遵循适用性、先进性、最优性价比、可靠性以及标准化等原则。

（1）适用性：所选设备要充分考虑存储物资特性、安装场所尺寸和出入库量的大小，能够在不同作业场景下灵活方便操作。

（2）先进性：设备技术的先进性主要体现在自动化程度、环境保护、操作便利性等方面，在保证适用性前提下适度先进。

（3）最优性价比：在满足物资存储及出入库作业需求的同时，所选设备的建设费用低，整个寿命周期的维护成本低。

（4）可靠性：设备按要求完成设计功能的能力，并且保障设备安全稳定运行。

（5）标准化：所选设备的自动化接口满足公司相关系统标准要求。

二、控制系统平台化

智能仓储建设除了智能化设备的硬件支撑，也少不了仓储智能化集控平台的软件建设，智能平台将业务管理、设备控制、分析决策管理融为一体，将所有子系统的数据流贯通，形成数字化高速网络，提升仓储作业吞吐效率和数字化管理水平，实现优化整体业务链条、提高资源利用程度和保证物资供应时效的目标。智能平台包括仓储管理系统（warehouse management system，WMS）、仓储控制系统（warehouse control system，WCS）以及数字孪生可视化系统等。

1. WMS

在智能仓储建设规划中，仓储管理系统应用于仓库业务智能管理，WMS 应包含物资基本信息管理、自动化作业管理功能模块、仓位结构功能模块、自动化设备自动盘点等功能模块，可以收集实时数据并创建可视化报告，揭示流程中的缺陷；同时通过 WCS 与自动化设备工控系统对接，实现仓储作业的有序高效运作。

2. WCS

仓储控制系统是介于 WMS 和设备 PLC 系统之间的仓储控制系统，在仓储管理中协调如堆垛机、穿梭车、输送机以及 AGV 等物流设备之间的运行，对接上游 WMS 任务，转换成为自动化设备作业指令，并按照实际仓储管理需求对业务进行细化分解和主动记录，为 WMS 调度指令提供执行保障和优化，为业务决策提供数据支撑。

3. 数字孪生可视化系统

数字孪生平台基于物联网技术和数字分析，通过物理仓库与虚拟 3D 模型相连接，打造实景与数字孪生互动的数字化仓库。通过对库区内活动的人员、设备、车辆、物资等资源进行实时采集，监控和模拟仓库资源的位置状态和行为，实现仓储内部库容利用率实时统计、出入库货位智能动态分配、物资自动调度、精准定位等分析与应用。

三、应用场景多样化

1. 智慧园区

智慧园区是智能仓储建设的重要部分，基于物联网技术打造智慧园区综合应用管理信息系统，通过接入各种感知设备，实现对库区物资、环境、人员、设备等的数字化、可视化、物联化管理。智能园区平台应包括智能安防、智能运维、能效管理等方面，对园区内人员、设备、作业、环境、安防、消防等方面全面感知和集中管控。

2. 绿色建筑

绿色建筑是智能仓储建设的基础，仓库整体的建筑设计以及库区的布局规划需要基于绿色环保的理念，在严格遵守仓库建设相关标准及上级单位（部门）有关要求的前提下，围绕节地、节水、节材、节能等方面进行设计，通过仓库设计、技术应用、材料选用全面提升仓库绿色水平。

总的来说，智能仓储将在技术、应用和服务等方面迎来更加快速和深入的发展，为企业创造更多的价值。

第二章 智能箱表库

第一节 智能箱表库软硬件设备

随着大数据技术在电力行业的应用进一步加大,存放表计的库柜逐渐从传统的单一功能向智能化转变。智能箱表库的构成也愈加复杂,主要由:输送线、堆垛机、柜体及货架、门锁、电子控制系统、传感器、远程通信模块以及控制软件等构成。这些自动化装置的使用可以极大地提高智能柜的工作效率和准确性,减少人工干预的需要。这些组件共同工作,使智能柜能够实现自动化、智能化的存放和管理功能,提高操作效率和安全性。

目前智能箱表库主要分为两级管理控制结构和三级管理控制结构,三级管理控制结构分为管理层、监控层、执行层,而两级结构则是将监控层与执行层合二为一,两级结构使计算机系统结构简化的同时,却会给执行层带来负担。本系统中,采用三级管理控制结构,仓储管理系统、仓储监控系统和执行层各设备组成,结构如图 2-1 所示。自动仓储系统的中枢是管理层,担负着系统的管理、控制、协调、调度,是系统正常运行的核心。管理系统主要是负责出入库命令表的下达、库存管理、查询与报表等常规工作,与监控系统实现通信和发出的命令触发监控系统,并接收监控层发送返回的任务完成情况。

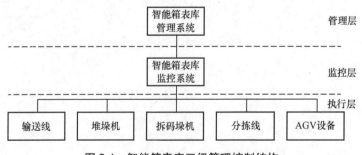

图 2-1 智能箱表库三级管理控制结构

监控层是自动仓储系统的连接枢纽,连接管理层与执行层,主要负责系统中各设备的集中控制和协调任务作业,具有控制、通信、监视等功能,实时显示设备的运行情况和立体仓库库存情况。监控系统与管理系统及执行层各设备联机，从管理系统接收任务，经过处理后，下达到输送线、堆垛机、拆码垛机、分拣线、AGV 设备等，同时返回各设备的状态和任务完成情况到管理层和监控层，确保整个系统在无故障的状态下自动连续运行。此外，监控系统也可以单机发送命令，设定作业任务。

执行层由各种自动设备联合组成，控制器接收上级发送的作业指令，控制各设备自动执行相应的操作和自动完成任务，同时将现场的数据信息反馈到监控系统，监控系统进而向执行层发送后续的工作指令。

一、输送线及堆垛机

（一）简介

输送线是用于自动化运输物料的系统。它可以将物料从一个地方有序地传送到另一个地方，通常用于在生产线或仓库中移动物料。输送线可以根据需要进行不同类型的输送，例如直线输送、弯曲输送或高速输送等。通过使用输送线，可以实现物料的高效运输，减少人工搬运，并提高生产效率。

堆垛机是一种用于垂直方向货物的自动存储和取货的机械设备。它通常由一个起升系统和一个搬运系统组成。堆垛机可以沿着垂直方向移动，并且可以在不同层次的货架之间移动货物，以实现存储和取货的操作。它可以高效地存储和检索货物，减少人工干预，并且可以提高库存管理的效率。

综合使用堆垛机和输送线，智能箱表库可以实现自动化的仓储和物流操作，提高物料处理的效率和准确性，减少人力成本，并提升整体的生产能力。

（二）分类

智能箱表库的堆垛机和输送线可以按照不同的特点和用途进行分类。

1. 堆垛机的分类

（1）单叉堆垛机：使用一个伸缩叉臂将货物存储在垂直方向的货架上，较适用于中小规模的仓储。

（2）双叉堆垛机：使用两个伸缩叉臂同时操作货物，可以提高存储和取货的效率，适用于大规模仓储和高密度堆垛。

（3）三叉/多叉堆垛机：使用三个或多个伸缩叉臂，可以同时操作多个货物，适用于高密度堆垛和高效取货。

（4）高速堆垛机：具有快速运动和定位能力，适用于需要快速存取货物的大规模仓储和物流中心。

（5）自动导航堆垛机：配备自动导航系统，可以在仓库中自主导航，适应不同的货物存储需求。

2. 输送线的分类

输送线中直线输送线和曲线输送线适用于电力智能箱表库的传输，具体为：

（1）直线输送线：用于在直线路径上传输物料，适用于长距离的物流传输，例如仓库到装卸区域之间的运输。

（2）曲线输送线：用于在曲线路径上传输物料，可以根据场地的布局要求进行曲线调整，适用于物料流转的弯曲区域。

（三）特点

智能箱表库的堆垛机和输送线具有以下详细特点：

1. 堆垛机的特点

（1）高效性：堆垛机能够自动存储和取货，具有快速的操作速度和准确的定位能力，能够大大提高仓储效率。

（2）空间利用率高：堆垛机能够在垂直方向移动，利用立体空间进行货物存储，最大限度地提高仓储空间的利用效率。

（3）灵活性：堆垛机可根据仓库布局和货物特点进行灵活配置和调整，适应不同尺寸和形状的货物存储需求。

（4）自动化程度高：堆垛机配备自动化控制系统，能够根据设定的程序自主工作，减少人工干预，提高自动化程度。

（5）可编程性强：堆垛机可以根据需求进行灵活编程，实现不同存储和取货策略，提高操作的灵活性和适应性。

2. 输送线的特点

（1）连续性：输送线能够实现物料的连续传输，提高物流效率，减少中断和停顿，保持生产线的连续运行。

（2）高效性：输送线能够快速且准确地传输物料，可以适应高速、大量的物料传输需求，提高生产效率。

（3）安全性：输送线设有安全保护装置，可防止物料掉落和人员伤害。例如，安全传感器和急停按钮。

（4）灵活性：输送线可以根据不同的生产特点和需求进行灵活配置，以适应不同尺寸、形状和重量的物料运输。

（5）自动化程度高：输送线配备自动化控制系统，可以与其他设备或系统进行集成，实现自动化的物料传输和流程控制。

（四）结构

智能箱表库的堆垛机和输送线的详细构造可以有一些共同的组成部分，同时也有一些特定的构造特点，堆垛机典型结构如图 2-2 所示。

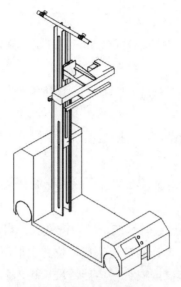

图 2-2　堆垛机典型结构

1. 堆垛机的构造

（1）起升系统：包括起升驱动装置、起升链条或螺杆、起升电机等，用于将堆垛机上下移动，实现货物的垂直存储和取货。

（2）搬运系统：通常使用伸缩叉臂或夹具等设备，用于抓取、搬运和放置货物。伸缩叉臂可以进一步分类为单叉、双叉或多叉设计。

（3）行走系统：用于在水平方向移动堆垛机，使其能够在不同的储存位置之间移动。行走系统通常包括驱动装置、行走轮或轨道，并可能配备导向装置以确保准确的导向。

（4）控制系统：包括堆垛机的中央控制单元和相关的传感器。控制系统用于监测和控制堆垛机的各种运动和操作，以确保安全和高效的货物存储和取货。

2. 输送线的构造

（1）传送带：用于在输送线上传输物料的传送带，可以是橡胶、塑料、金属等材料制成。传送带可以具有不同的宽度、长度和表面特性，以适应不同的物料类型和运输需求。

（2）驱动装置：用于驱动传送带的电机和传动系统，以提供推动力和控制传输速度。

（3）支承结构：用于支持和固定传送带，包括支撑架、滚筒、滚轮等。

（4）导向装置：用于确保物料在传送线上的稳定行进和导向，可以是导向板、导轨、导向滚筒等。

（5）控制系统：包括输送线的中央控制单元和传感器，用于监测物料的位置和状态，并实现输送线的自动化控制和调节。

（五）操作方式

智能箱表库的堆垛机和输送线的详细操作方式分别如下：

1. 堆垛机的操作方式

（1）任务规划：根据仓库管理系统或人工下发任务，确定要存储或取货的表计周转箱信息、位置和数量等。

（2）堆垛机移动：通过控制系统，使堆垛机沿着水平方向行走到目标位置，可以是垂直方向上的货架。

（3）表计周转箱抓取：堆垛机使用搬运系统（如伸缩叉臂或夹具）将表计周转箱抓取起来。

（4）距离调整：根据实际情况，堆垛机可能需要调整叉臂或夹具的位置和姿态，以确保表计周转箱的稳定和安全。

（5）货物存储或取货：通过起升系统，堆垛机将表计周转箱提升到合适的高度，并将其存储在目标位置上，或者将表计周转箱从目标位置上取下。

（6）堆垛机返回：完成存储或取货任务后，堆垛机返回初始位置或下一个任务位置，为下一次操作做准备。

2. 输送线的操作方式

（1）开始运行：通过控制系统启动输送线，使传送带开始运转。

（2）物料投放：将要运输的周转箱放置在传送带上，可以手动或通过其他设备自动投放。

（3）运输过程：传送带将周转箱按设定的速度和方向传送到目标位置，通过导向装置保持周转箱的稳定行进。

（4）监控与控制：通过传感器监测周转箱的位置、状态和流量等信息，以实现输送线的控制和调节。

（5）到达目的地：周转箱到达预定的目的地后，可以通过人工或自动装置进行进一步处理，如装卸、分拣等。

（6）停止运行：完成周转箱传输任务后，停止传送带的运行，等待下一次运输任务的开始。

（六）注意事项

智能仓库的堆垛机和输送线是自动化物流系统中的重要组成部分，堆垛机和输送线的详细注意事项如下。

1. 堆垛机注意事项

（1）安全操作：堆垛机是一种大型机械设备，操作过程中要注意安全。操作员应该熟悉并遵守所有相关的安全操作规程和指引。确保操作区域没有其他人员，避免发生人身伤害事故。

（2）负载限制：堆垛机有一定的负载能力限制，操作员需要确保周转箱的重量不超过其承载能力。超载可能导致机器损坏或不稳定，甚至发生事故。

（3）机械臂控制：在货物抓取和放置过程中，操作员需要进行精确的机械臂控制，以确保货物的安全和准确性。操作员应该对机械臂的控制方法和程序进行充分的培训和理解。

（4）路径规划：在操作堆垛机之前，需要确保仓库内的路径规划已经完成，并且避免堆垛机与其他设备或障碍物发生碰撞。操作员应该熟悉并遵守堆垛机的导航和路径规划系统。

（5）监控和故障处理：在堆垛机运行过程中，操作员需要持续监控其状态和性能。如果发现任何故障或异常情况，应立即停止操作并报告维护人员进行处理。

2. 输送线注意事项

（1）安全防护：确保输送线周围设有合适的安全防护装置，如护栏和安全门，以防止人员或其他物体误入输送线的运行区域。

（2）货物包装：在将周转箱放置在输送线上之前，确保周转箱已经妥善包装和封装，以防止在运输过程中损坏。

（3）调整速度：根据周转箱特性和运输要求，调整输送线的运行速度。确保速度适中，以避免过快或过慢对货物运输和设备性能带来不利影响。

（4）堵塞预防：保持输送线通畅，避免周转箱堆积和堵塞。定期清理输送线上的杂物和残留物，以确保周转箱顺利运输。

（5）故障处理：如果输送线发生故障或异常情况，操作员需要立即停止输送线运行，并通知维护人员进行修复。不得强行操作或修复输送线，以免造成更严重的事故。

最重要的是，操作员应接受相关培训，并严格按照操作手册和安全规程进行操作。定期进行设备检查和维护，以确保其性能和安全性。

二、立体货架

（一）简介

智能箱表库中的立体货架是一种高效的储存和管理系统，用于存放和组织各种箱表产品。以下是立体货架的简介。

（1）结构设计：立体货架采用多层、多列的结构设计，可以充分利用垂直空间，提高仓库的存储密度。货架通常由支撑柱、横梁、货架板等组成，具有强大的承重能力和稳定性。

（2）自动化运作：立体货架通常与智能仓库管理系统相连接，实现自动化运作。通过电脑控制系统，操作员可以远程控制货架的行动，包括货架的升降、水平移动等。这样可以提高货物的取用效率，减少人工操作的时间和成本。

（3）高密度储存：立体货架可以按照货物的尺寸和重量，进行合理的储存编排。可以灵活调整货架的高度和间距，以适应不同尺寸的箱表产品。同时，货架之间的通道也可以被最大限度地利用，实现高密度的储存。

（4）可定制性强：立体货架的设计可以根据具体需求进行定制。可以选择不同的尺寸、层数、载重能力等来适应不同的仓库和产品类型。同时，还可以根据仓库的布局和工作流程，进行合理的货架布置，以提高操作效率。

（5）条码或 RFID 技术支持：为了实现更精准的货物管理，立体货架通常与条码或 RFID 技术相结合。每个货架可以标记唯一的识别码，操作员可以通过扫描条形码或 RFID 读取器，迅速准确地找到所需的货物位置。

（6）安全性考虑：立体货架在设计中考虑了安全因素。货架具有稳定结构和坚固材料，以保证储存的货物不会因为失稳而受损。此外，货架上也可以设置安全装置，如防滑垫、防滚条等，确保货物的稳固放置和运输安全。

总的来说，立体货架是智能箱表库中一种高效、灵活的储存系统。它通过自动化控制和智能管理，提高了仓库操作的效率和准确性，使得箱表产品的储存和取用更加便捷和可靠。

（二）分类

常见的智能箱表库中的立体货架的分类方式包括以下几种。

1. 根据结构类型

（1）单深立体货架：每个货位只有一个储存深度，适用于储存数量较大、种类少的产品。

（2）双深立体货架：每个货位具有两个储存深度，可以通过前后两侧存放产品，提高存储密度。

（3）多深立体货架：每个货位具有多个储存深度，可以根据产品特点进行调整，实现最大化的存储容量和灵活性。

2. 根据存储方式

（1）抽屉式立体货架：采用抽屉式结构，每层有多个抽屉，适合存放小件物品或需要频繁取用的产品。

（2）流利式立体货架：通过倾斜导轨和重力作用，实现产品的快速流动和自动分拣。

3. 根据自动化程度

（1）半自动立体货架：操作员需要手动控制货架的升降、移动等动作。

（2）全自动立体货架：与智能仓库管理系统相连接，通过电脑或自动控制系统实现货架的自动运行和管理。

4. 根据载重能力

（1）轻型立体货架：适用于存放轻型箱表产品，承重能力相对较低。

（2）中型立体货架：适用于中型重量的箱表产品，承重能力较高。

（3）重型立体货架：适用于存放重型或大尺寸的箱表产品，具有更高的承重能力。

这些分类方式可以根据具体需求和仓库布局进行选择和组合，以满足智能箱表库的储存和管理需求。

（三）特点

智能箱表库中的立体货架具有以下特点：

（1）高存储密度：立体货架通过充分利用垂直空间，提高了仓库的存储密度。多层、多列的结构设计可以将货物垂直堆叠存放，最大限度地节约仓库的空间。这样可以在有限的地面面积内存放更多的箱表产品。

（2）自动化操作：立体货架通常与智能仓库管理系统相连，实现了自动化的操作。通过电脑控制系统，操作员可以远程控制货架的升降、移动、定位等动作。由于自动化的操作，可以提高仓储效率，减少人工操作的时间和成本。

（3）灵活可调：立体货架具有灵活可调的特点。货架的高度、间距、层数等可以根据具体需求进行调整，以适应不同尺寸和类型的箱表产品。这种灵活性使得货架能够满足不同产品的存储要求，并且能够适应仓库的变化和扩展。

（4）高可靠性和稳定性：立体货架通常采用坚固的结构和耐用的材料，具有高度的可靠性和稳定性。能够承受较大的载荷并保持平稳运行，确保货物的安全存放和运输。

（5）方便货物管理：立体货架通常配备条码或 RFID 识别技术，可以对货物进行精确的管理和追踪。每个货架位置标记唯一的识别码，操作员可以通过扫描条码或 RFID 读取器快速准确地找到所需的货物位置，提高了货物的管理效率和准确性。

（6）提高工作效率：立体货架的自动化操作和精确的货物管理能力，可以大大提高工作效率。操作员可以快速找到和取用货物，减少了搜索和等待的时间。同时，货物的存储和取出过程也更加迅速和顺畅。

总的来说，立体货架在智能箱表库中起到了重要的作用。它们提高了仓库的存储效率和准确性，减少了人工操作的工作量和时间。通过自动化和智能化的特点，立体货架为智能箱表库的运营提供了便捷和高效的解决方案。

（四）结构

智能箱表库中的立体货架结构一般由以下部分组成。

（1）货架框架：立体货架的主体框架，通常由金属材料（如钢材）制成。货架框架的形状可以是梯形、方形或长方形，并根据需要确定高度和宽度。

（2）支撑柱：支撑柱用于支撑货架的重量，通常位于货架框架的四个角落，以提供稳定性和均衡的承重能力。支撑柱可以进行调节以适应不同高度的货物。

（3）货架板：货架板是用于放置货物的水平平台，通常由金属材料制成，也可以是木制或塑料制的。货架板可以根据需要调整高度或倾斜角度，以适应不同尺寸和重量的货物。

（4）分隔板：分隔板可以用来划分货架空间，以便更好地组织和分类货物。分隔板通常由金属或塑料制成，可以根据需要移动或更换位置。

（5）拉篮和容器：拉篮和容器用于存放小件物品或杂物，可以放置在货架板上或悬挂在货架框架上。它们可以帮助提高货物的整理和存储效率。

（6）动力系统和控制系统：智能箱表库中的立体货架通常配备有动力系统和控制系统，用于实现自动化操作和管理。动力系统可以提供货架的上下移动功能，控制系统可以监控和管理货架的运行状态和存储信息。立体货架结构布置示意如图 2-3 所示。

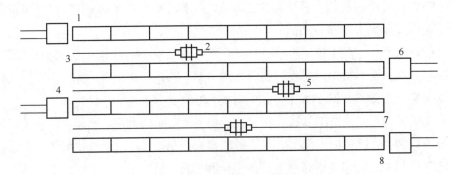

图 2-3 立体货架结构布置示意
1、8—立体货架柜；2、5—堆垛机；3、7—地轨；4、6—出库台

总的来说，立体货架的结构设计旨在提高货物存储密度、减少空间占用、提高存取效率，并配备智能化的功能，以适应现代仓储管理的需求。

（五）操作方式

智能箱表库中的立体货架通常使用以下方式进行操作。

（1）控制面板操作：货架上通常会有一个控制面板，可以通过面板上的按钮、开关或触摸屏来控制货架的运动和操作。操作员可以使用控制面板上的指令进行货架的上下移动、扩展和收缩等操作。

（2）远程控制：智能箱表库中的立体货架还可以通过远程控制进行操作。通过连接到网络，操作员可以使用电脑、平板或手机等远程设备来控制货架的移动和操作。远程控制可以实现远程监控、远程维护和远程调度等功能。

（3）自动化控制：智能箱表库中的立体货架通常配备有自动化控制系统。该系统可以根据预设的规则和程序，自动完成货架的运动和操作。例如，当需要存取特定货物时，可以通过输入货物信息或扫描货物上的条码，系统会自动定位和调度货架，将目标货物送到操作员所在位置。

（4）传感器和识别技术：智能箱表库中的立体货架通常会安装传感器和识别技术，用于感知货物和环境信息，以实现更加智能化的操作。例如，通过安装重量传感器可以检测货物的重量，通过安装距离传感器可以测量货架与障碍物的距离，通过安装视觉识别技术可以实现货物的自动分类和定位等功能。

总的来说，智能箱表库中的立体货架可以通过控制面板操作、远程控制、自动化控制和传感器识别等方式进行操作，以实现高效、智能的仓储管理。

（六）注意事项

在使用智能箱表库中的立体货架时，需要考虑以下注意事项。

（1）负荷限制：立体货架有其承重能力限制，请确保在货架上存放的货物不超过其承重范围。超过承重限制可能导致货架变形或损坏，严重情况下可能引发安全问题。

（2）稳定性：确保货架的稳定性非常重要。在安装和调整货架时，请确保其四个角落的支撑柱牢固稳定，以避免货架倾斜或崩塌的风险。同时，负重均衡也是关键，尽量保持货架上方的货物分布均匀。

（3）操作安全：使用立体货架时，要确保操作人员了解正确的操作方法并接受相应的培训。操作人员应该了解货架的控制面板或远程控制系统的功能和操作流程，并遵循操作规程，以减少操作错误和意外发生的可能性。

（4）定期检查和维护：定期检查货架的状态和功能，包括检查支撑柱、货架框架、货架板等部件的稳固性和损坏情况。同时，维护系统的正常运行，包括清洁传感器、润滑机械部件、修复或更换损坏的元件等，以确保货架的长期可靠使用。

（5）安全区域和防护措施：在货架周围设置安全区域，确保没有人员或障碍物妨碍货架的移动和操作。同时，可以采取防护措施，如安装护栏、安全门或触发器，以提供更安全的工作环境。

（6）过载报警：设备操作中可以添加过载报警功能，当超过货架的额定负载时，系统会发出警报，提醒操作人员采取措施，避免超载带来的危险。

请在使用立体货架前，仔细阅读相关的使用手册，遵守操作规程，并根据实际情况采取适当的安全措施。如有需要，可以咨询专业人士或供应商以获取更详细的安全建议。

三、夹抱式货叉

（一）简介

夹抱式货叉是智能箱表库中常见的货物搬运工具之一，由两个可移动的货叉臂组成，臂部之间可以通过液压系统或电动系统进行开合调节。夹抱式货叉的末端配有夹持装置，通常是夹爪或夹具，用于固定和提起货物。它适用于各种货物搬运场景，具有强大的夹持能力和适应性。操作人员可以通过控制面板或操纵杆来控制夹抱式货叉的开合和夹持装置的操作，以实现高效、安全的货物搬运。

（二）分类

智能箱表库中夹抱式货叉可以按照以下方式进行分类。

1. 根据用途

（1）普通型夹抱式货叉：适用于一般的货物搬运任务。

（2）高架型夹抱式货叉：适用于在高架货架上搬运货物。

2. 根据动力来源

（1）人力夹抱式货叉：由人力操作，适用于轻型搬运任务。

（2）电动夹抱式货叉：由电池驱动，提供更大的搬运能力和效率。

3. 根据夹持方式

（1）侧夹式夹抱式货叉：夹持货物的侧面，适用于比较狭长的货物。

（2）腭夹式夹抱式货叉：夹持货物的顶部和底部，适用于扁平的货物。

（3）旋转夹抱式货叉：具备旋转功能，可以在夹持过程中旋转货物角度。

（三）特点

智能箱表库中夹抱式货叉的特点总结如下。

（1）夹持能力强大：夹抱式货叉设计专门用于搬运、夹持和堆放各种货物，通常具有高负荷承载能力，可以夹持重型货物。

（2）灵活多变：夹抱式货叉具有可调节的夹持宽度，适应不同尺寸的货物。一般来说，它们具备一定的可调节范围，以适应不同的搬运任务。

（3）操作简便：夹抱式货叉通常配备用户友好的操作界面，操作员可以轻松掌握其使用方法。一些高级型号还配备了自动化控制系统，提供更便捷的操作体验。

（4）安全可靠：夹抱式货叉通常配备多种安全保护装置，例如限位保护、过载保护和紧急停机装置等。这些功能保证了操纵员、货物和设备的安全。

（5）高效节能：一些夹抱式货叉采用先进的动力系统，例如电动驱动技术，提供高效的能源利用和低能耗。这有助于提高工作效率并减少运营成本。

（6）适应多样化环境：夹抱式货叉可以用于各种搬运场景，如高温度仓储、高湿度仓储、物流仓储和集中式仓储等多样化场景。

（四）结构

智能箱表库中夹抱式货叉的结构通常包括以下部分。

（1）夹抱装置：夹抱装置是夹持货物的关键部分，通常由夹臂、夹具和夹持机构组成。夹臂是连接货叉和夹具的可伸缩装置，可调节夹持宽度。夹具通常由两个可移动的夹臂组成，通过夹持机构实现夹持和释放货物的功能。

（2）起升装置：起升装置负责货叉的上下运动，以提升和放下货物。它通常由液压系统驱动，通过液压缸或液压马达实现货叉的垂直位移。起升装置通常具有一定的吨位承载能力，以适应不同负荷的货物。

（3）运动装置：运动装置用于驱动货叉在工作场地内移动。它通常由电动驱动系统组成，包括电机、传动装置和轮胎或履带等运动部件。一些高级型号可能还具备转向装置，以实现货叉的灵活转向和行驶。

（4）控制系统：控制系统是夹抱式货叉的核心，用于控制和监测其运行状态。它通常包括电气控制柜、操作面板、传感器和编程控制器等。控制系统可以实现货叉的自动化操作，提高工作效率和安全性，夹抱式货叉典型结构示意图如图2-4所示。

此外，夹抱式货叉还可能配备其他附件和辅助装置，如安全灯、报警装置、重心检测装置等，以提供更全面的功能和保护。

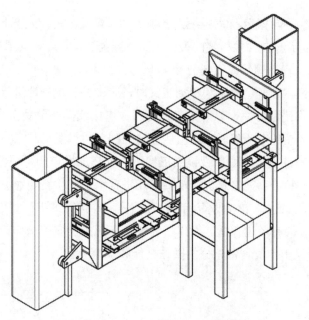

图 2-4 夹抱式货叉典型结构示意图

（五）操作方式

智能箱表库中夹抱式货叉的操作方式通常包括以下几种。

（1）手动操作：操作员通过操纵手柄或按钮来控制夹抱式货叉的运动。这种方式适用于简单的搬运任务和较小的工作场景。操作员可以通过手动控制起升、行驶和夹持功能，完成货物的搬运和堆放。

（2）遥控操作：夹抱式货叉可以配备遥控器，操作员可以通过遥控器来控制货叉的运动。这种方式适用于一些复杂的工作环境，操作员可以在安全的位置远程操控货叉进行操作，提高工作效率和安全性。

（3）自动化操作：一些先进的夹抱式货叉配备了自动化控制系统，可以通过编程或预设路径来实现自动化操控。操作员可以在操作面板或电脑上设置工作任务和路径，然后货叉会按照预设的程序自动完成搬运、堆放等工作。

（4）感应操作：一些智能夹抱式货叉还可以通过感应技术进行操作，可以配备激光传感器、摄像头、雷达等装置，实时感知周围环境，根据环境变化自主调整运动轨迹和操作方式。

（六）注意事项

在操作智能箱表库中的夹抱式货叉时，有一些注意事项需要考虑：

（1）了解货叉的工作原理和操作方法：在操作之前，操作员应仔细研读并理解夹抱式货叉的操作手册和相关说明，熟悉其工作原理和操作方法。

（2）安全操作：操作员应严格按照操作手册中的安全要求进行操作，确保自己和周围人员的安全。遵守各项操作规程和安全操作措施，如穿戴安全帽、安全鞋等必要的防护装备。

（3）负荷限制：了解夹抱式货叉的最大负荷承载能力，并遵守其限制。不要超载操作，以免造成货物损坏、货叉倾斜或设备故障。

（4）平稳操作：在起升、放下和移动货叉时，应平稳、缓慢地进行操作，避免突然变动和急停。确保操作平稳有序，以防止货物倾斜、崩塌或操作员受伤。

（5）防止碰撞：在移动货叉时，应密切注意周围环境，避免与人员、其他货物或障碍物发生碰撞。使用辅助设备，如后视镜或摄像头，以增加操作的可视性。

（6）定期维护和检查：夹抱式货叉需要定期进行维护和检查，确保其正常运行和安全性能。定期检查液压系统、电气设备、制动系统等，并按照维护计划进行保养和维修。

（7）操作培训：只有经过合适的操作培训和具备相关资质的操作员，才能够进行夹抱式货叉的操作。确保操作员具备充分的操作技能和安全意识。

四、WMS

（一）简介

WMS 是一种智能化的软件系统，主要用于管理和优化仓库的运作，提供了一系列功能和工具，帮助企业高效地管理仓库的存货、入库、出库、库存跟踪等流程。

WMS 的主要特点包括以下几个方面：

（1）库存管理：WMS 可以跟踪和管理仓库的库存数量、位置和状态。它能够实时更新库存信息，以确保及时了解存货的情况，并提供精确的库存报告。

（2）订单管理：通过 WMS，企业能够实时管理和跟踪订单的进度和状态。它可以帮助企业提高订单处理的速度和准确性，减少出货错误和延迟。

（3）入库和出库管理：WMS 能够优化入库和出库流程，使其更加高效和准确。它可以自动化数据收集和处理，提高工作效率，并减少人为错误。

（4）货位管理：WMS 可以根据企业的需求和设定规则，智能地分配货位并管理货物的位置。它可以帮助企业充分利用仓库空间，提高货物存储密度和操作效率。

（5）数据分析和报告：WMS 可以收集、分析和展示仓库的数据，帮助企业了解仓库的运营情况和绩效表现。它可以生成各种报表和指标，帮助企业做出决策和优化仓库管理策略。

总之，WMS 能够帮助企业实现仓库运作的自动化和智能化，提高仓库的效率和准确性，降低运作成本，提升客户满意度。它已经成为现代仓储管理的重要工具之一。

（二）分类

WMS 可以根据不同的分类标准进行分类。以下是常见的几种分类方式。

1. 部署方式

（1）内部（On-premise）：WMS 部署在企业自己的服务器上，由企业自己维护和管理。

（2）云端（Cloud-based）：WMS 作为云服务提供，由第三方服务提供商托管和管理。

2．功能特点

（1）基本功能型：提供基本的入库、出库、库存管理等常用功能。

（2）综合功能型：除基本功能外，还具备订单管理、装车管理、计费管理等高级功能。

3．适用行业

（1）通用型：适用于各种行业的仓库管理需求，例如零售、制造、物流等。

（2）行业专业型：针对特定行业的仓库管理需求进行定制开发，例如医药、冷链、电子等。

4．规模

（1）中小型仓库型：适用于规模较小的仓库，功能简单，易于部署和使用。

（2）大型仓库型：适用于规模较大，需求复杂的大型仓库，能够支持大规模的库存管理和高效的操作流程。

5．集成程度

（1）独立 WMS：独立的 WMS，与其他企业系统（如 ERP）相互独立，通过接口进行数据交互。

（2）综合型 WMS：与企业其他系统（如 ERP、TMS 等）紧密集成，实现数据的无缝流动和自动化协同工作。

需要注意的是，具体的 WMS 分类可能因供应商或企业的具体需求而有所不同。在选择和实施 WMS 时，应根据企业的实际需求和情况进行评估和选择，以确保系统能够满足企业的仓库管理需求。

（三）特点

WMS 具有以下特点：

（1）自动化管理：WMS 通过自动化技术，实现仓库管理过程的自动化。它能够自动收集、处理和跟踪仓库的数据，减少人为错误，提高工作效率。

（2）实时库存信息：WMS 能够实时跟踪和更新库存信息，包括商品数量、位置和状态等。这使得企业能够准确掌握库存情况，提高库存管理的准确性和及时性。

（3）优化库存布局：WMS 可以根据货物的属性和需求，智能地分配和管理货位。它可以帮助企业充分利用仓库空间，提高存储密度，减少货物堆积和浪费空间。

（4）提高仓库效率：WMS 通过优化入库、出库和移库流程，帮助企业提高仓库操作效率。它可以提供指导和优化建议，减少人员等待和移动时间，提高作业效率。

（5）订单管理与跟踪：WMS 能够管理和跟踪订单的进度和状态。它可以实时更新订单信息，提供准确的订单处理数据，帮助企业提高订单处理速度，减少出货错误和延迟。

（6）数据分析和报告：WMS 能够收集和分析仓库的数据，提供各种报表和指标，帮助企业了解仓库的运营情况和绩效表现。这使得企业能够做出决策，优化仓库管理策略。

（7）系统集成能力：WMS 能够与其他企业系统（如 ERP、TMS 等）进行无缝集成，实现数据的流动和共享。这有助于企业实现全面的信息化管理，提高业务流程的协同效率。

总之，WMS 通过自动化、实时性、智能化等特点，帮助企业提高仓库管理效率和准确性，降低运作成本，提升客户满意度。它已经成为现代仓储管理的重要工具之一。

（四）结构

WMS 的结构通常由以下几个主要部分组成：

（1）前端界面：前端界面是用户与 WMS 进行交互的界面，可以通过计算机、手机或平板电脑等设备来访问系统。前端界面提供了用户登录、菜单导航、数据输入和显示等功能，使用户能够方便地操作和管理仓库。

（2）数据库：WMS 的数据库用于存储和管理仓库的数据，包括商品信息、库存数量、订单信息、仓库布局等。数据库可以使用关系型数据库（如 MySQL、Oracle）或 NoSQL 数据库（如 MongoDB）等技术来实现。

（3）业务逻辑层：业务逻辑层是 WMS 的核心部分，负责处理和管理仓库管理的各种业务逻辑。它包括库存管理、订单管理、入库管理、出库管理、货位管理等功能模块，并通过各种算法和规则实现仓库管理的优化和自动化。

（4）系统集成层：WMS 通常需要与其他企业系统进行集成，例如企业资源计划（ERP）系统、运输管理系统（TMS）和供应链管理系统（SCM）等。系统集成层负责与这些系统进行数据交换和共享，确保信息的一致性和及时性。

（5）报表和分析层：WMS 可以提供各种报表和数据分析功能，帮助用户了解仓库的运营情况和绩效表现。报表和分析层负责生成和展示这些报表和指标，提供数据可视化和决策支持功能。

（6）资源管理：WMS 需要管理和分配仓库中的各种资源，如人员、设备、仓位等。资源管理模块负责进行资源的调度和分配，保证仓库运作的顺畅和高效。

由上述功能分析，自动仓储管理系统由：采购订单、出入库、库存、基本参数设置、用户模块、查询及报表等管理模块组成。自动仓储管理系统中出入库管理模块是最重要的，以入库节点为例，入库模块数据流程如图 2-5 所示。

总体而言，WMS 的结构包括前端界面、数据库、业务逻辑层、系统集成层、报表和分析层，以及资源管理模块。这些组成部分共同协作，实现仓库的智能化管理和优化。

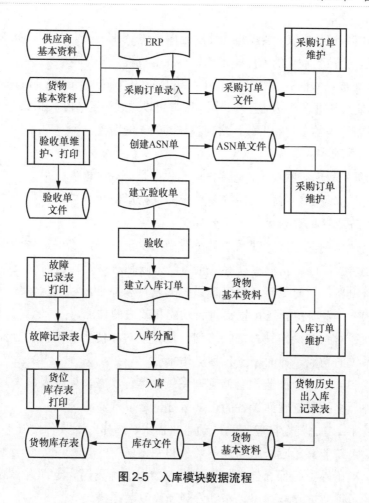

图 2-5　入库模块数据流程

（五）操作方式

智能箱表库中的 WMS 可以通过以下几种操作方式进行使用：

（1）图形用户界面（GUI）：WMS 通常提供直观的图形用户界面，用户可以通过图形界面进行各种操作和管理。在界面上，用户可以查看仓库的结构和布局，执行入库、出库和移库等操作，查询库存信息，管理订单等。

（2）手持终端（handheld devices）：使用手持终端是一种常见的操作方式，特别适用于实时操作和移动操作。用户可以通过手持终端设备（如 PDA、扫描枪）登录系统，进行扫描商品、收货入库、拣货出库等操作。这种方式可以提高操作的准确性和效率。

（3）远程云访问：WMS 中的云部署方案可实现远程访问，用户可以通过安装具有网络连接的设备（例如电脑、平板电脑、手机）使用 Web 浏览器登录系统进行操作。这种方式灵活便捷，用户可以随时随地访问仓库管理系统。

（4）自动化设备集成：WMS 可以与各种自动化设备（如输送设备、拣选机器人、自动导航小车等）进行集成，实现自动化的仓库操作。用户可以通过 WMS 对这些设备进行控制和管理，完成自动化的入库、出库、移库等过程。

（5）API 集成：WMS 通常提供 API（application programming interface，API）接口，用于与其他系统进行数据交互和集成。用户可以通过调用 API 接口来与 WMS 系统进行交互，并进行数据的上传和下载，实现系统间的无缝衔接。

（六）注意事项

当使用智能箱表库中的仓储管理系统时，以下是一些注意事项。

（1）数据备份：定期备份仓储管理系统的数据以防止意外的数据丢失。这可以通过使用备份服务或者将数据存储在云平台上来实现。

（2）安全性：确保仓储管理系统具有适当的安全措施，以保护敏感数据和机密信息。这包括使用强密码、角色授权等安全策略来限制对系统的访问权限。

（3）系统更新：及时更新仓储管理系统的软件和补丁，以确保系统保持最新、安全、稳定的状态。及时更新还可以提供新功能和改进的性能。

（4）培训：对系统操作人员进行培训，使其了解如何正确地使用仓储管理系统。这包括了解系统的功能、界面以及各种操作流程。

（5）监控和维护：定期监控仓储管理系统的运行状态，以便及时发现和解决潜在的问题。此外，维护系统硬件设备的正常运行也是很重要的。

（6）扩展性：考虑到仓储管理系统的未来需求，选择一个具备良好扩展性的系统。这样可以确保系统能够适应未来的业务增长和变化。

（7）数据准确性：确保仓储管理系统中的数据准确无误。定期进行数据核对或者采用自动化的数据验证功能，可以帮助发现和修复数据错误。

（8）用户支持：为用户提供必要的技术支持和培训，以帮助他们解决使用仓储管理系统中遇到的问题。可以提供在线文档、使用手册、常见问题解答等资料，或者设立一个专门的用户支持渠道。

Auto WMS（BS 版）采用了典型的三层体系 B/S 结构如图 2-6 所示，结构主要分为以下三层。

（1）第一层提供 IE 界面是与用户的接口，所有的业务操作在这一层进行。

（2）第二层是应用服务器（IIS），接收第一层发送过来的业务数据，完成相关的业务逻辑处理，并把需要存储、更新的业务数据存储、更新到数据库中。

（3）第三层是数据库服务器，接收第二层的相关数据请求，完成数据的存取与更新，数据库能够用 Microsoft SQL Server 系统作为它的关系型数据库管理系统（RDBMS）。

这样的架构设计可以减轻客户端电脑的负荷，简便了系统升级和维护，降低开发系统的工作量和成本，更加高效、快捷和方便，具体优点如下。

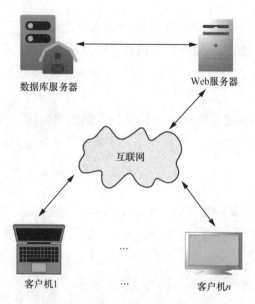

图 2-6　B/S 结构原理图

（1）跨平台兼容性：B/S 架构基于 Web 标准，可以在各种操作系统和浏览器上运行。用户只需使用具备网络连接的现代浏览器，无需安装任何特定的客户端软件，便可访问和使用应用程序。

（2）高度可扩展性：B/S 架构的服务器端提供服务和数据处理，客户端浏览器仅负责显示和用户交互。这种分离使得服务器端可以方便地进行水平扩展，以满足不断增长的用户需求和流量。

（3）简化客户端维护：由于 B/S 架构的客户端只是一个浏览器，因此在更新应用程序时，只需要在服务器端进行更新，而无需对每个客户端进行升级或更新。这简化了系统维护和部署的复杂性。

（4）高安全性：B/S 架构允许应用程序的核心逻辑在服务器端执行，客户端仅通过浏览器与服务器进行数据交换。这可以降低客户端的安全风险，因为核心业务逻辑和数据处理都在服务器端进行，而不会暴露在客户端。

（5）灵活的用户界面：B/S 架构允许开发者通过更新服务器端代码来改进用户界面，用户无需做任何操作。这样可以快速响应用户需求，并提供一致的用户体验。

第二节　智能箱表库计量业务应用

一、箱表关系的绑定和数据贯通

设备箱表箱垛关系绑定使用组箱拆箱功能，是指设备与周转箱绑定与解除的业务。设备状态为"合格状态"的设备，组箱时会校验箱内容量。

因配送使用纸箱，配送拆回表时，一般会取下底托用来存放更多设备，因此设备状态为"待分流""待分拣""待维修""待赔付""分拣待复检""待返厂""待报废"的设备，组箱时不校验箱内容量。

设备箱表箱垛关系绑定是指省级计量中心/市级供电公司/县级供电公司/供电所资产管理员使用电脑或移动作业终端，根据实际业务需求对设备与周转箱，周转箱与周转箱间关系绑定与解除的业务。

1. 组箱拆箱业务

（1）业务描述。设备箱表箱垛关系绑定是指省级计量中心/市级供电公司/县级供电公司/供电所资产管理员使用电脑或移动作业终端，根据实际业务需求对设备与周转箱间关系绑定与解除的业务。

（2）工作要求。

1）校验规则。

a. 周转箱内设备数量应小于等于周转箱容量。

b. 同一箱内设备的设备状态、设备码要求一致。

c. 设备与周转箱进行绑定时，若设备已经存在与其他周转箱的绑定关系，系统应自动解除与其他周转箱的绑定关系。

d. 不设置周转箱类别，周转箱可以绑定的设备码以第一个与周转箱绑定的设备为准。如解绑后周转箱内设备为空，可以绑定的设备码不受限制。

2）相关枚举值。设备分类包括：电能表、互感器、采集终端、计量通信模块、封印。

（3）工作内容。

1）进行组箱拆箱操作。输入/扫描周转箱条形码，自动带出『周转箱信息』内容包括周转箱资产编号、管理单位、容量、当前箱内资产数量、周转箱类型。同时生成『箱内资产信息』，内容包括资产编号、设备码名称、设备分类、生产厂家、设备状态、库房、库区、存放区、储位。

2）若要进行组箱操作，输入/扫描设备条形码或设备条形码段，选择设备分类，生成设备信息在『箱内资产信息』，内容包括资产编号、设备码名称、设备分类、生产厂家、设备状态、库房、库区、存放区、储位。

3）若要进行拆箱操作，在『箱内资产信息』选择设备进行出箱操作，完成设备拆箱。

4）可按单箱或多箱批量导入进行批量组箱拆箱。

2. 组垛拆垛业务

（1）业务描述。设备箱表箱垛关系绑定是指省级计量中心/市级供电公司/县级供电公司/供电所资产管理员使用电脑或移动作业终端，根据实际业务需求对周转箱与周转箱间关系绑定与解除的业务。

（2）工作要求。

1）校验规则。

a. 只有满箱的周转箱可以组垛。

b. 周转箱组垛时，数量为1～16个周转箱。

2）相关枚举值。周转箱分类包括：单相电能表、三相电能表、电压互感器、电流互感器、组合互感器、采集终端、空气开关、通信模块、手持终端、能源控制器。

（3）工作内容。

1）进行组垛拆垛操作。输入/扫描托盘条形码，自动带出『托盘信息』内容包括托盘资产编号、管理单位。同时生成『垛内周转箱信息』，内容包括周转箱编号、托盘码、周转箱类别、生产厂家、库房、库区、存放区、储位。

2）若要进行组垛操作，输入/扫描周转箱资产编号，选择周转箱分类，生成周转箱信息在『垛内周转箱信息』，内容包括周转箱编号、托盘码、周转箱类别、生产厂家、库房、库区、存放区、储位。

3）若要进行拆箱操作，在『垛内周转箱信息』选择周转箱进行出垛操作，完成拆垛。

4）可按单垛或多垛批量导入进行批量组垛拆垛。

二、计划配送（整箱配送）

（一）仓储配送有关规定

《国家电网有限公司计量资产全寿命周期管理办法》（2022版）中关于仓储配送业务有如下规定：

第四十一条，计量资产配送方式。计量资产配送业务应纳入省公司仓储配送管理体系，按照"效率最高、周转最快、成本最低"的原则，合理确定配送路线，开展"订单式"配送模式，实现计量资产由省计量中心统一配送至地市供电企业表库、县级供电企业表库或安装现场，并由省计量中心统一进行各级库房间计量资产的调配。

省计量中心根据地市（县）供电公司的各类订单需求，结合各级库房库存资产的数量，编制相应的配送计划，按计划分批配送至各级库房。将订单类型以业务用途为依据细分为工程类、业扩类和维护类订单，不同类型的订单具备不同的响应时限和优先级，省计量中心应根据任务优先级安排配送计划。对于省计量中心属地公司的业扩或工程需求将直接配送至工程集约化配送点；故障抢修及零散需求由省级计量中心集约化配送至属地公司供电所智能周转柜。

第四十二条，配送订单申请的编制和提交。

（1）业扩类订单由营销业务应用系统将小区新装用户数量推送给地市（县公司）计量

专业人员，并将批量新装流程中需求计量资产信息由营销业务应用系统中自动形成配送订单推送至省计量中心。

（2）工程类订单由县、地市公司计量专业人员在营销业务应用系统中根据工程里程碑计划自动获取所需计量资产信息，可在省公司允许的上下限范围内调整计量资产需求数量，并填写订单的要求配送时限，确认后形成工程类配送订单，应至少提前一个月申报下月（季）工程计划。

（3）维护类订单当库存小于下限值时自动形成维护类配送订单地市、县、供电所计量专业人员也可以根据计量资产的实际需求情况在营销 SG186 系统中主动提报维护类配送订单。

（4）订单的要求配送时限。地市、县、供电所计量专业人员提出配送时限要求，并根据库存情况调减电能表和互感器需求数量、添加采集设备和开关断路器等业扩类订单所需的其他计量资产，推送至 MDS 系统进行分析及跟踪。配送订单待办生成时间到提交上报的时间不超过 5 个工作日。

（5）各级计量管理人员应在营销 SG186 系统中对一定周期内形成的订单进行统计和分析，对超时限的订单进行督办。

（二）仓储配送分类及环节流程

配送执行的任务类型分为计划配送和零星配送。

【计划配送】：通过配送计划才能制定配送执行任务，主要为省营销服务中心使用。地市提报月度需求后，系统根据省级平衡后的配送申请自动生成月度配送计划。省中心制订配送任务时，需选择对应配送计划，根据计划数量制订配送任务。

【零星配送】：无需配送计划，可以直接发起配送执行任务，主要为地市日常使用。

配送执行的筛选方式可分为按设备二级、按设备码、按组箱码、按批次、按明细分类。

配送管理是指为满足各级供电单位设备配送需求，通过制订需求计划，围绕配送申请，执行配送任务的业务。仓储配送各环节流程如图 2-7 所示。

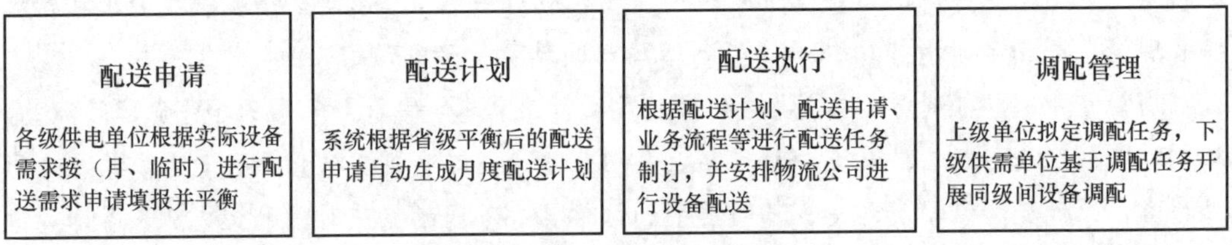

配送申请	配送计划	配送执行	调配管理
各级供电单位根据实际设备需求按（月、临时）进行配送需求申请填报并平衡	系统根据省级平衡后的配送申请自动生成月度配送计划	根据配送计划、配送申请、业务流程等进行配送任务制订，并安排物流公司进行设备配送	上级单位拟定调配任务，下级供电单位基于调配任务开展同级间设备调配

图 2-7　仓储配送各环节流程

（三）营销系统中计划配送业务

1. 配送需求申请业务

（1）业务描述。配送需求申请是指各级供电单位根据实际设备需求根据实际情况按

（月、周、临时）进行配送需求填报申请并平衡的业务。包括『配送需求任务拟订』、『配送需求提报』、『配送需求县/市级平衡』、『配送需求省级平衡』、『配送需求县/市级平衡复调』等工作。

（2）业务流程。配送需求申请流程如图 2-8 所示。

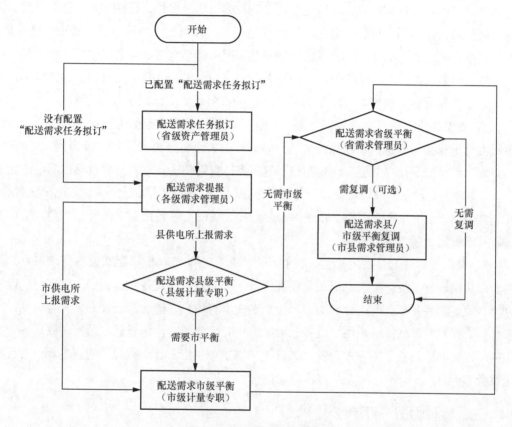

图 2-8　配送需求申请流程

2. 配送计划管理（计划式配送模式）

（1）业务描述。配送计划管理（计划式配送模式）是指系统根据省级平衡后配送申请自动生成月度配送计划的业务。

（2）工作要求。相关枚举值：

1）配送计划类型：月度计划、临时计划。

2）设备分类：电能表、互感器、采集终端、计量通信模块、计量功能模块、封印、移动作业终端、移动作业终端模块、物联卡、计量箱（柜、屏）、开关、蓝牙微断、智能锁具、锁具状态监测单元、智能断路器、智能断路器计量模块、低压监测单元、周转箱、托盘。

3）电能表设备二级分类：单相电能表、三相直接式表、三相互感式表。

4）互感器设备二级分类：低压电流互感器、高压电流互感器。

5）采集终端设备二级分类：Ⅰ型专变终端、Ⅱ型专变终端、Ⅲ型专变终端、Ⅰ型集中器、Ⅱ型采集器、Ⅱ型集中器。

（3）工作内容。

1）自动生成月度计划信息。省侧平衡通过，系统自动根据配送设备需求信息，自动汇总形成全省配送计划信息。可通过配送计划编号、需求单位、计划年月、设备分类、设备二级分类、设备码、设备码名称、配送计划类型、计划完成率等信息，查询配送计划，内容包括：配送计划编号、配送需求明细编号、配送计划类型、需求单位、计划年月、设备分类、设备二级分类、设备码、设备码名称、计划数量、已配送数量、计划完成率，其中计划数量即为各需求单位省级平衡后数量，初次生成时"已配送数量"为0。

2）按设备码汇总月度计划。省侧平衡通过，系统自动根据配送设备需求信息，按设备码汇总形成全省配送计划信息。可通过计划年月、设备分类、设备二级分类、设备码、设备码名称、配送计划类型、计划完成率等信息，查询配送计划，内容包括：配送计划类型、计划年月、设备分类、设备二级分类、设备码、设备码名称、计划总量、已配送数量、计划完成率、合格库存量，其中计划总量即为按设备码汇总各需求单位计划数量，初次生成时"已配送数量"为0。

3）按需求单位汇总月度计划。省侧平衡通过，系统自动根据配送设备需求信息，按需求单位、设备二级分类汇总形成全省配送计划信息。可通过需求单位、计划年月、设备分类、设备二级分类、配送计划类型、计划完成率等信息，查询配送计划，内容包括：需求单位、计划年月、需求单位、设备分类、设备二级分类、计划总量、已配送数量、计划完成率，其中计划总量即为按设备二级分类按需求单位汇总计划数量，初次生成时"已配送数量"为0。

三、零星配送（订单配送）

（一）零星配送有关规定

《国家电网有限公司计量资产全寿命周期管理办法》（2022 版）中关于零星配送业务存在如下规定：

第四十四条，省计量中心配送计划和任务的编制。

（1）MDS 系统可根据汇总平衡后的订单自动生成配送计划，并可在配送计划查询界面对已经制定完成的配送计划进行查询。省计量中心订单核验环节、订单汇总平衡环节、自动生成配送计划业务环节合计处理时间不得超过 2 个工作日。

（2）配送任务的制定分为智能推荐和人工编制两种。在制定配送任务时如果有智能推荐，则自动生成配送任务，否则人工编制配送任务。主要考虑以下几点：

1）订单完成截止时间；

2）订单类型（业扩类订单优先、维护类订单其次、工程类订单最后）；

3）考虑配送车的数量和单车容量；

4）计量资产的先检先出；

5）配送地点的数量（多点配送）；

6）配送距离；

7）配送接收单位的相应计量资产的库存量和库存周转率。

第四十五条，计量资产配送模式

（1）计量资产统一配送可采用省公司自有物流企业或社会物流企业等服务渠道；采用社会物流服务的，宜配置必要的自有应急保障车辆，以提高风险应对能力。

（2）计量资产配送管理单位在选定配送路线后，应根据线路实际确定配送里程与时效，以此作为配送服务考核与结算的依据。车辆在出车前，计量资产配送服务单位应检查车辆状况、检查车辆搭载的计量资产是否完好、核对设备与配送单的内容是否一致，确保资产在途中的安全、完好。车辆在途中，计量资产配送服务单位应严格按照规定的路线行驶，注意车辆的防震、防碰，不违反交通规则，确保车辆及计量资产的安全。

（二）营销系统中零星配送业务

1. 配送订单申请业务

（1）业务内容：配送订单申请（订单式配送模式）是指各级供电单位根据配送需求，制订配送订单申请，并进行提报核验的业务。包括『配送订单申请提报』、『配送订单申请核验』、『补库申请』等工作。

（2）业务流程：配送订单申请（订单式配送模式）流程如图 2-9 所示。

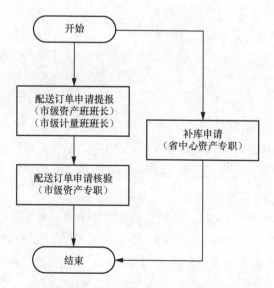

图 2-9　配送订单申请（订单式配送模式）流程

2. 配送订单申请提报业务

（1）业务描述。配送订单申请提报是指市级供电公司资产班班长/县级供电公司资产班班长/供电所营业班班长使用电脑，根据配送需求，进行需求设备及返回设备配送订单申请提报的工作。

（2）工作要求。

1）管理规范。

a. 配送订单申请应根据本月审批通过的配送需求进行提报，且累计申请数量不超出配送需求数量。

b. 可申请数量应为配送需求明细中的设备需求数量减去已申请数量。

c. 既可申请计量中心向市公司/县公司/供电所、市公司向县公司/供电所、县公司向供电所的正向资产配送，可以申请合格标、拆回表、周转箱等计量资产的返回配送。

d. 配送订单申请的设备数量与当前成品库存量之和，必须满足成品安全库存量要求。

2）校验规则。『配送订单申请信息』的配送订单申请类型、配送方式、配送日期、配送点编号、配送点名称必填。配送日期不小于申请日期，也不能大于申请日期 10 天。

3）相关枚举值。

a. 申请类型包括：配送、省间调配。

b. 配送方式包括：配送、自取。

c. 配送申请状态包括：待制定、待审核、已审核、已完成。

d. 配送申请类别包括：业扩类、工程类、运维类。

e. 申请设备状态包括：合格在库。

f. 配送标识包括：正向配送、反向配送。

g. 配送申请明细的状态包括：待制定、待审核、已审核、已排定计划、执行中、已完成。

（3）工作内容。

1）资产班班长/营业班班长登记配送申请：

a. 查看『配送点信息』，内容包括：配送点名称、配送点编号、供电单位、分库房标志、配送库房编号、配送库房名称、配送库房供电单位、配送点联系人、配送点联系人电话、经度、维度。

b. 登记『配送订单申请信息』，内容包括：配送申请编号、配送申请类别、配送申请类型、配送方式、配送日期、供电单位、配送点编号、制定人、制定日期、配送申请状态、配送库房编号、配送库房供电单位、配送库房名称、配送库房管理单位。

2）登记『配送订单申请明细信息』，内容包括：申请编号、设备分类、设备码、设备码描述、类别、类型、设备状态、数量、配送标识。

3.　订单式配送执行业务

（1）业务描述。配送执行（订单式配送模式）是指根据配送计划、配送申请、业务流程等进行配送任务制定，并安排物流公司进行设备配送的业务。包括『制定配送任务』、『配送任务抢单』、『配送出库』、『配送装车确认』、『配送入库』等工作。

（2）业务流程。配送执行（订单式配送模式）申请流程如图2-10所示。

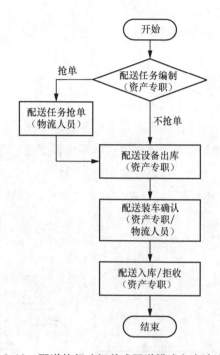

图2-10　配送执行（订单式配送模式）申请流程

四、库房盘点

（一）库房盘点有关规定

《国家电网有限公司计量资产全寿命周期管理办法》（2022版）中关于库房盘点业务存在如下规定：

第三十五条，库房管理要求。库房应设有专人负责管理，定期(至少每月一次)对仓库各种设备状态进行检查，至少每半年进行一次自动化设备检修和保养，确保设备保持良好的使用状态；仓库库区应规划合理，储物空间分区编号，标识醒目，通道顺畅，便于盘点和领取；库房应具备货架、周转箱、设备的定置编码管理，相关信息应纳入信息系统管理；库房应干燥、通风、防尘、防潮、防腐、整洁、明亮、环保，符合防盗、消防要求，保证人身、物资和仓库的安全；库房内需配备必要的运输设施、装卸设备、识别设备、视频监控及辅助工具等设备；库房设备的出入库，应使用扫描条形码或电子标签方式录入信息系统。

第三十六条，库房存放管理要求。计量资产应放置在专用的储藏架或周转车上，不具备上架条件的，可装箱后以周转箱为单位落地放置，垒放整齐。人工库房应实行定置管理，有序存放，妥善保存；计量资产应按不同状态（新品、待检定、合格、待报废等）、分类（类别、等级、型号、规格等）、分区（合格品区、返厂区、待检区、待处理区、故障区、待报废区等）放置，并具有明确的分区线和标识。

第三十七条，出入库管理计量资产出入库应遵循"先进（检）先出、分类存放、定置管理"原则。

（二）营销系统中库房盘点业务

1. 库房盘点总体业务

（1）业务描述。库房盘点是指根据库存信息及管理要求，对库房物资数量、状态等情况进行盘点并开展分析处理的业务。根据盘点结果进行盘盈盘亏分析并生成处理方案，经批准后对库房进行盘盈盘亏处理。包括『盘点计划拟定』、『盘点任务拟定』、『盘点作业』、『盘盈盘亏分析』、『处理方案拟定』、『处理方案审核』、『异常结果处理』、『异常处理确认』等工作。

（2）业务流程。库房盘点流程如图 2-11 所示。

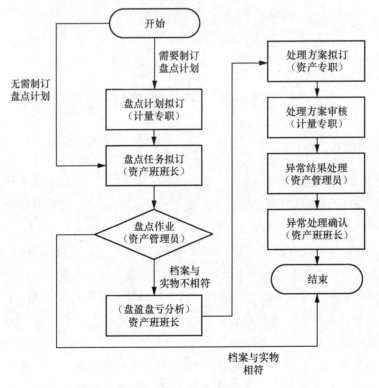

图 2-11　库房盘点流程

2. 盘点计划拟定业务

（1）业务描述。盘点计划拟定是指省级计量中心资产班班长/市级供电公司资产班班长/县级供电公司计量专职使用电脑，根据库房、库区、设备分类、设备状态、批次、规格、供应商等信息，生成库存盘点计划的工作。

（2）工作要求。

1）校验规则。盘点计划标题格式：『盘点计划信息』标题为"库房盘点："+当条『盘点计划信息』的制订日期+"结束日期"。

2）相关枚举值。

a. 设备状态：新购暂管、待校验、待检定、待耐压、待走字、返修在库、合格在库、待返厂修理、待分拣、旧表待检、待返厂更换、待报废、封存、拆回待退、预配待领。

b. 设备分类：电能表、互感器、采集终端、计量通信模块、计量功能模块、封印、移动作业终端、移动作业终端模块、物联卡、计量箱（柜、屏）、开关、蓝牙微断、智能锁具、锁具状态监测单元、智能断路器、智能断路器计量模块、低压监测单元、充电桩、充电模块、充电枪、充电控制器、周转箱、托盘。

c. 电压（单位 V）：220、375、3×380、3×220/380、3×100、3×57.7/100、700、750。

d. 电流（单位 A）：1.5(6)、5(60)、10(100)、0.3(1.2)等。

e. 有功准确度等级：1、2、0.5、0.2、0.5S、0.2S、A、B、C、D、E。

f. 接线方式：单相、三相三线、三相四线。

（3）工作内容。

1）查询工单表头信息。

2）创建盘点任务。

a. 根据库房信息、库区信息、存放区信息创建『盘点任务信息』，内容包括：任务编号、库房、库区、存放区、供电单位、盘点人、管理单位、设备分类、设备状态、设备码、设备码名称、电压、电流、类型、类别、有功准确度等级、接线方式、盘点计划编号、制订日期、盘点结束日期、盘点计划名称、到货批次号。

b. 根据『盘点计划信息』创建『盘点任务信息』，内容包括：任务编号、库房、库区、存放区、供电单位、盘点人、管理单位、设备分类、设备状态、设备码、设备码名称、电压、电流、类型、类别、有功准确度等级、接线方式、盘点计划编号、制定日期、盘点结束日期、盘点计划名称、到货批次号。

3）将工单发送至下一环节。

3. 盘点作业业务

（1）业务描述。盘点作业是指省级计量中心资产管理员/市级供电公司资产管理员/县级供电公司资产管理员/供电所营业班班员使用电脑或移动作业终端，利用物联感知技术，对设备库存数量进行盘点，核实库存信息与设备实物是否一致的工作。

（2）工作要求。

1）校验规则。进行盘点工作时，应对盘点区域进行锁定。

2）相关枚举值。盘点结果包括：盘盈、盘亏、盘平。

（3）业务关联（见图 2-12）。

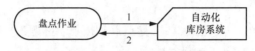

图 2-12　盘点作业业务关联

（4）工作内容。

1）查询工单表头信息。

2）查看盘点任务信息。资产管理员/营业班班员查看本流程的『盘点任务信息』，内容包括：任务编号、库房、库区、存放区、供电单位、盘点人、管理单位、设备分类、设备状态、设备码、设备码名称、电压、电流、类型、类别、有功准确度等级、接线方式、盘点计划编号、制定日期、盘点结束日期、盘点计划名称、到货批次号。

3）设备盘点。

a. 根据『盘点任务信息』的库区编号，变更库区信息的库区状态为"锁定"。

b. 登记盘点设备明细。

a）如果库房运转方式为"机器"：发送供电单位、库房编号、库房名称、运转方式、库区编号、库区名称给自动化库房系统；根据自动化库房系统返回的数据，创建『盘点设备明细信息』，内容包括任务编号、设备分类、设备码、设备码名称、资产编号、库房名称、库区名称、存放区名称、盘点人、盘点日期。

b）如果库房运转方式为"人工"：通过扫条形码或输入资产编号，创建『盘点设备明细信息』。

c. 获取设备台账清单。

a）根据『盘点任务信息』的供电单位、库房编号、库区编号、存放区编号，获取设备台账。

b）根据『盘点任务信息』的供电单位、库房编号、库区编号、存放区编号，获取充电桩资产编号为空的充电桩辅助设备台账。

4）登记盘点结果。

a. 若盘点实物信息存在于盘点明细信息中，盘点结果为"盘平"。

b. 若盘点实物信息不存在于盘点明细信息中，盘点结果为"盘盈"。

c. 若盘点明细信息中存在信息，但盘点实物信息不存在，盘点结果为"盘亏"。

5）根据库区编号，变更库区信息的库区状态为"运行"。

6）将工单发送至下一环节。

4. 盘盈盘亏分析业务

（1）业务描述。盘盈盘亏分析是指省级计量中心资产班班长/市级供电公司资产班班长/县级供电公司计量班班长/供电所营业班班长使用电脑，对盘库结果进行确认，对库存信息与设备实物不一致的情况逐一排查，确定原因并提交异常清单的工作。

（2）工作要求。相关枚举值：

1）盘盈原因分析包括设备位置错误、其他。

2）盘亏原因分析包括设备丢失、设备位置错误、设备借出、其他。

（3）工作内容。

1）查询工单表头信息。

2）查看盘点任务信息。资产班班长/计量班班长/营业班班长查看本流程的『盘点任务信息』，内容包括任务编号、库房、库区、存放区、供电单位、盘点人、管理单位、设备分类、设备状态、设备码、设备码名称、电压、电流、类型、类别、有功准确度等级、接线方式、盘点计划编号、制订日期、盘点结束日期、盘点计划名称、到货批次号；『盘点结果信息』，内容包括设备分类、资产编号、设备状态、盘点结果、原因分析、分析备注、分析人员、分析日期。

3）将工单发送至下一环节。

第三章 智能托盘库

第一节 智能托盘库软硬件设备

智能托盘库是以为托盘为基本储运单元的计量设备存储库房,它利用自动化技术和立体仓储设备来管理和存储货物,其高效密集存储与运作系统化智能化管理,离不开各类先进的软硬件设备的支持。

在智能托盘库中,由于人力的大量减少,使用机械设备参与搬运货物变得尤为重要。这其中的硬件设备主要有:堆垛机、穿梭车、输送机、AGV 等,主要用于运输货物,代替人工劳作,极大地提高了运输货物时的工作效率。

另外,整个智能托盘库的运行离不开智能托盘库管理系统,其作为软件设备一方面接受人工指令,另一方面给硬件设备下发存取命令,从而实现仓储与出入库作业的自动化。

一、堆垛机

(一)简介

堆垛机是指采用货叉或串杆作为取物装置,在智能托盘库从事攫取、搬运和堆垛或从高层货架上取放单元货物工作的一种仓储设备,如图 3-1 所示。

智能托盘库堆中使用的垛机的主要作用是在立体仓库的通道内来回运行,将位于巷道口的货物存入货架的货格,或者取出货格内的货物运送到巷道口。

早期的堆垛机是在桥式起重机的起重小车上悬挂一个门架(立柱),利用货叉在立柱上的上下运动及立柱的旋转运动来搬运货物,通常称为桥式堆垛机。1960 年左右在美国出现了巷道式堆垛机,这种堆垛机利用地面导轨来防止倾倒。其后,随着计算机控制技术和自动化立体仓库的发展,堆垛机的运用越来越广泛,技术性能越来越好,高度也越来越高。如今,堆垛机的高度

图 3-1 堆垛机

可以达到 40m。事实上，如果不受仓库建筑和费用限制，堆垛机的高度还可以更高。

（二）分类

堆垛机的分类方式很多，主要分类形式如下：

（1）按照有无导轨进行分类。可分为有轨堆垛机和无轨堆垛机。其中，有轨堆垛机是指堆垛机沿着巷道内的轨道运行，无轨堆垛机又称高架叉车。在立体仓库中运用的主要作业设备有：有轨巷道堆垛机、无轨巷道堆垛机和普通叉车。

（2）按照高度不同进行分类。可分为低层型、中层型和高层型。其中，低层型堆垛机是指起升高度在 5m 以下，主要用于分体式高层货架仓库中及简易立体仓库中；中层型堆垛机是指起升高度在 5~15m，高层型堆垛机是指起升高度在 15m 以上，主要用于一体式的高层货架仓库中。

（3）按照驱动方式不同进行分类。可分为上部驱动式、下部驱动式和上下部相结合的驱动方式。

（4）按照自动化程度不同进行分类。可分为手动、半自动和自动堆垛机。手动和半自动堆垛机上带有司机室，自动堆垛机不带有司机室，采用自动控制装置进行控制，可以进行自动寻址、自动装卸货物。

（5）按照用途不同分类。可分为桥式堆垛机和巷道堆垛机。桥式堆垛机是指堆垛货有悬挂立柱导向的堆垛机；巷道堆垛机是指金属结构有上、下支撑支持，起重机沿着仓库巷道运行，装取成件物品的堆垛机。

（三）特点

在智能托盘库中使用堆垛机，主要具有以下特点：

（1）作业效率高。堆垛机是立体库的专用设备，具有较高的搬运速度和货物存取速度，可在短时间内完成出入库作业，堆垛机的最高运行速度可以达到 500m/min。

（2）提高仓库利用率。堆垛机自身尺寸小，可在宽度较小的巷道内运行，同时适合高层货架作业，可提高仓库的利用率。

（3）自动化程度高。堆垛机可实现远程控制，作业过程无须人工干预，自动化程度高，便于管理。

（4）稳定性好。堆垛机具有很高的可靠性，工作时具有良好的稳定性。

（四）结构

（1）主体结构。主要由上梁、立柱、下梁和控制柜支架组成。

（2）载货平台。载货平台是通过起升机构的动力牵引垂直上下移动的部件。它是由垂直框架和水平框架焊接而成的 L 型结构。垂直框架用于安装升降导向轮和一些安全保护装置。横架采用无缝钢管，完全满足货物的要求。

（3）水平行走机构。水平行走机构由动力驱动和主被动轮对组成，用于整个设备巷道的运行。

（4）升降机构。升降机构由驱动电机、滚筒、滑动组和钢丝绳组成，用于升降载货平台进行垂直运动。

（5）分叉机制。货叉伸缩机构是由动力传动和上、中、下三个货叉组成的机构，用于垂直于巷道方向的装卸货物运动。下货叉固定在载货平台上，三个货叉由链条驱动进行线性差动伸缩。

（6）导轮组成。堆垛机采用三组导轮装置：上、下水平导轮和升降导轮。上、下水平导向轮分别安装在上、下横梁上，引导堆垛机沿着巷道水平移动。升降导向轮安装在载货平台上，沿立柱导轨上下移动，引导载货平台垂直运动。

（五）操作方式

使用堆垛机的货架系统要按货架的列、层、行的所在货位分别编号，以便实现向指定货位自动地进出库，也便于利用电子计算机进行在库管理。现如今，在最新的智能托盘库中大多采用电子计算机进行在库管理，可以实现堆垛机的全自动控制，但是也有一部分堆垛机保留手动控制和半自动控制模式。

（1）手动控制。手动控制是司机在堆垛机的司机台上一边查看货位号码，一边操作操纵手柄或按钮完成行走、升降、货叉进出。

（2）半自动控制。司机在堆垛机的司机台上，按动所需货位号的按钮，起重机就自动完成行走、升降各种动作，并停止在指定的货位号处。货叉的进出动作由手动操纵杆或用按钮进行控制。返回动作大多是按动返回按钮即可自动返回原位。

（3）全自动控制。这是属于无人操纵的形式，操纵盘装在起重机外，用按钮或穿孔卡等为指令。因此，只要按下启动电钮，就能遥控堆垛机自动进行进出库动作。

（六）注意事项

1. 工作前

（1）检查各种指示灯是否正常，链条是否完好，安全装置是否灵敏可靠。

（2）按规定润滑，清除巷道内杂物。

（3）开机启动前，必须将所有主令开关复位。擦去红外探头上灰尘。

（4）空车运行，确认正常后方可开机投入正常使用。

2. 工作中

（1）禁止堆垛机超载运行，载荷分布须均匀（模具应摆放在托盘中间）。

（2）被储存货物应严格按托盘尺寸和规定尺寸堆放，不得超宽、超高、超重，货物必须摆放到位，如未放到位，必须重新摆放。

（3）操作者需暂时离开时必须切断电源。

（4）运行时禁止人员进入或通过巷道，在运行中闲杂人员不得进入工作区。

（5）堆垛机发生下列故障，应向维修人员报告并停机待修，故障排除后方可继续工作。

（6）运行时，操作人员不得离岗，随时观察，发现异常，立即停车检查，排除异常后方可继续工作。

3. 工作后

（1）应将堆垛机返回原位，货叉需降至最低位，停在初始位置切断电源。

（2）进行维护保养。

二、穿梭车

（一）简介

穿梭车是一种轨道托盘搬运小车，以往复或者回环方式，在固定轨道上运行的台车，将货物运送到指定地点或接驳设备，如图 3-2 所示。主要适用于大批量少品种货物的存取，尤其适合食品、饮料、烟草等品类相对单一的行业。智能托盘库以托盘为载物平台，相对来说，品类单一，非常适合使用穿梭车进行货物的快速、准确搬运。

图 3-2 穿梭车

（二）分类

穿梭车也分几种类型，分别是双向穿梭车、四向穿梭车和子母穿梭车。虽说都属于穿梭式货架，但他们的特点及结构具有一定差异。

（1）双向穿梭车。由叉车将货物放在货架巷道导轨的最前端，通过无线电遥控操作的穿梭车载托盘在固定的轨道上运行。

（2）四向穿梭车。四向穿梭车可以在横向和纵向轨道上运行，货物的水平移动和存取只由一台穿梭车来完成，系统自动化程度大大提高（仓库货架)。

（3）子母穿梭车。母车在横向轨道上运行，并自动识别作业巷道，释放子车进行存取作业，一定程度上提高系统自动化程度。

（三）特点

（1）车身体积小，穿梭取货占用空间小。

（2）同时具备行走和升降功能。

（3）遥控、编程控制，自动探测，自动存取货物；理货功能，计数功能，定数取货功能，A、B面功能，自动救援功能。

（4）车身前后设有定位传感器，可准确进行货物的存取定位。如在运行过程中前方存在异物，穿梭车会在安全距离内自动停车，不会造成撞击，损坏货物。

（5）采用无线通信模式，自动实现多台穿梭车的自由调度。

（6）与库外其他输送设备相配合，完成货物的自动化仓储和输送。

（7）同一巷道内允许不同规格托盘存在。

（四）结构

穿梭车主要由车体系统、输送装置、认址系统、轨道系统、报警装置、电气装置等组成。

（1）车体系统。车体系统主要由车架体、行走驱动装置、装饰罩组成。车架体是承载其他部件的主体，主要由型钢焊接而成。行走驱动装置主要由传动轴、驱动轮及减速机等组成。

（2）移载装置。移载装置是物料输送部分，安装于车体上，框架采用钢结构，根据总体工艺需要设计成各种输送装置。

（3）认址系统。认址系统是 RGV 出入站点的定位信号装置，认址装置采用激光/条码认址条码定位方式；辅助物理确认机制。

（4）轨道系统。轨道系统由导轨部分和停止器组成，是承载穿梭车的基础和行走的导向。导轨为专用铝型材、方钢或热轧成型轨道。配置停止器，包括缓冲器和支架等，安装在轨道两端，防止穿梭车在意外情况下冲出轨道。

（5）电气装置。电气装置由 PLC、变频驱动器、光电开关、条形码定位、无线通信器等组成，供电模式为滑触线供电模式。

（五）操作方式

（1）技术人员首先启动四向穿梭车，使其处于待命状态。

（2）根据目标位置和当前位置，WCS 系统会自行规划行车路线，并通过系统向穿梭车下达配送货物的指令。

（3）穿梭车按照收到的任务指令开始执行配送任务。

（4）在交叉轨道上，穿梭车通过扫描轨道来确定行驶距离，并在每个道口位置进行校对。在接近目标位置时，通过侧向激光传感器进行微调停车，从而实现精确定位。

（5）在子通道上，穿梭车通过扫描十字轨道和侧面的反光贴，以确定行驶距离，并实现精确定位控制，以到达目标位置。

（6）一旦四向穿梭车到达指定的取货位置，托盘会下降并将货物放置在货架上，同时向 WCS 系统发送配送任务完成的通知。

（7）穿梭车继续接受新的任务指示或返回待命区域。

（六）注意事项

1. 使用前的准备工作

（1）检查传感器的整体结构是否清洁。

（2）检查机器零件是否有松动现象，若有则做好相关的机器零件处理。

（3）检查光电元件，是否是清洁的，反之要进行处理工作。

（4）检查运行轨道及相关的工作空间是否有闲杂货物存在，若发现存在，则要进行清除工作；且检查轨道是否有油（若有可用石膏粉去除油渍），轨道接口处是否平整无缝。

（5）最后要检查所配备的保护装置是否完好无损，若有，则要进行更换或者修复处理工作。

（6）操作人员必须穿戴具有钢制鞋头和防滑鞋头的防穿刺绝缘的安全鞋，同时也要进行所有的修理和维护工作。

2. 使用中

（1）所有在穿梭车围栏通道内的工作人员，要避免穿宽松的衣物，以防止有缠结现象发生。

（2）若需要进入穿梭车货架防护网内工作时，必须要有两名专业的操作人员相互照应，才可以进行相关工作的进行。

（3）当需要调整或更换有缺陷的零件维护工作时，一定要在确认机器是停止的状态下进行。

（4）操作人员必须时时注意巷道的终端挡板，穿梭车与挡板的最小距离范围要保持在60×70mm，这样是为了防止所放置的托盘从穿梭车或者是叉车上翻落，造成穿梭车的不正常运行。

3. 使用后

（1）应将穿梭车返回原位，停在初始位置切断电源。

（2）依据保养指导手册定期进行维护保养。

三、输送机

（一）简介

输送机是一种可以搬运物料的机械设备，它通常被用于工业生产中的物料搬运、自动化生产流程中的物料输送以及仓储物流等领域。提高仓库内物流的输送速度，物流速度越快，那么相对的智能仓储的工作效率就越高。

（二）分类

按照物料输送方式分类：可分为滚筒输送机、链式输送机、辊子输送机、螺旋输送机、皮带式输送机和气力输送机等。

按照输送机的结构分类：可分为直线输送机、弯道输送机、倾斜输送机、履带输送机等。以下为智能托盘库中常用的输送设备。

1. 链式输送机

链式输送机是目前自动化立体仓库当中运用比较多的连续运输输送设备之一，如图 3-3 所示。这款输送机是利用轨道支撑传送链条来实现货物的传输，它的结构非常简单，所以有着方便维护的优点，而且成本也比较低廉，适合一些资金不太充足的企业仓库。但是链式输送机的传输速度一般，而且使用时噪声偏大。

图 3-3　链式输送机

2. 辊子输送机

辊子输送机也是现代化自动物流仓库中使用比较多的一款连续式货物输送设备，能够实现对货物的输送、积存和分拣，如图 3-4 所示。这款输送设备结构简单、使用维修方便，能够利用托盘输送不规则的产品。通常情况在自动化立体仓库中与链式输送机一起使用，主要负责输送系统中单元货物的运输。

图 3-4　辊子输送机

3. 皮带式输送机

皮带式输送机是利用输送带承载和牵引货物的运输机，能够用于输送各种类型的货物，如图 3-5 所示。皮带式输送机能够水平输送，也可以倾斜输送，但倾斜的角度不能够大于 15°，避免货物从皮带上滑落的情况。这款输送设备也适用于输送一些小零件，常应用于物流中心或配送中心。

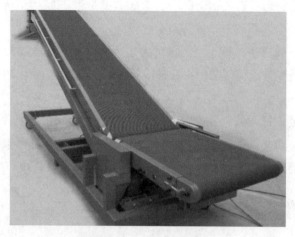

图 3-5　皮带式输送机

（三）特点

（1）自动化程度高，可以实现物料的连续、稳定输送。

（2）输送机运输效率高，比人工运输更快、更安全、更稳定。

（3）输送机可以适应不同的物料输送需求，满足不同场景下物料输送要求。

（4）输送机可靠性高，维护成本低。

（5）输送机可以降低人工操作的劳动强度和生产成本。

（四）结构

输送机的结构主要包括以下几个部分。

（1）载体部分：根据物料输送的不同，可以采用不同的输送方式，如皮带、链条、滚筒、螺旋等。

（2）传动部分：根据不同的载体部分采用不同的传动方式，如电机、减速机、液压、气动等。

（3）支撑和导向部分：用于支撑和引导输送机的载体，如支架、导向轮、导向板等。

（4）调整部分：用于调整输送机的高度、方向、速度等参数，如升降机构、旋转机构、调速器等。

（五）操作方式

不同输送机的操作方式大致相同，这里以链式输送机为例进行介绍：

启动前检查轴承润滑情况，确保链式输送机运行正常，检查管道是否安装到位，保证物料无堵塞。在做好使用前的准备工作后，可以打开电源，将控制器连接到电源，检查控制器功能正常；复位，打开电机开关，按照顺序启动；调整设备位置，保证输送量正常即可。

（六）注意事项

（1）输送机使用前须检查各运转部分、承载装置是否正常，防护设备是否齐全。输送带的张紧度须在启动前调整到合适的程度。

（2）输送机应空载启动。等运转正常后方可入料。禁止先入料后开车。

（3）运行中出现胶带跑偏现象时，应停车调整，不得勉强使用，以免磨损边缘和增加负荷。

（4）输送带上禁止行人或乘人。

（5）输送机停车前必须先停止入料，等皮带上存料卸尽方可停车。

（6）输送机电动机必须绝缘良好。移动式输送机电缆不要乱拉和拖动。电动机要可靠接地。

（7）输送机皮带打滑时严禁用手去拉动皮带，以免发生事故。

四、自动导向车（AGV）

（一）简介

自动导向车（AGV）是采用自动或人工方式装载货物，按设定的路线自动行驶或牵引着载货台车至指定地点，再用自动或人工方式装卸货物的工业车辆，如图 3-6 所示。按日本 JISD6801 的定义：AGV 是以电池为动力源的一种自动操纵行驶的工业车辆。自动导向车只有按物料搬运作业自动化、柔性化和准时化的要求，与自动导向系统、自动装卸系统、通信系统、安全系统和管理系统等构成自动导向车系统（AGVS）才能真正发挥作用。

图 3-6　AGV

（二）分类

按 AGV 导引方式分类，可分为：电磁导引 AGV、磁条导引 AGV、激光导引 AGV、视觉导引 AGV 等。

（1）电磁导引 AGV。电磁导引是将金属导线埋设在 AGV 既定路径上并加载低压低频电流以在导线周围产生磁场，AGV 通过识别感应线圈感应路径上磁场的强弱进而实现 AGV 的导引。

（2）磁条导引 AGV。与电磁导引相似，磁条导引是在既定路径的路面上贴磁条或打磁点代替在地下埋线，通过磁条感应信号进而实现 AGV 的导引。

（3）激光导引 AGV。激光导引是在 AGV 的工作环境中预先安置激光反射板，行进中 AGV 通过激光定位装置发射光束并采集反射板反射回的光束，通过三角定位方式确定 AGV 当前的位置和方向，进而实现 AGV 的导引。激光导引定位精确，行驶路径灵活，适应多种工作环境；但其装置成本较高，对现场环境有一定要求（如光线、能见度等）。

（4）视觉导引 AGV。视觉导引是在车载控制系统中内置 AGV 行驶环境的图像数据库，AGV 行驶中通过摄像机及多种传感设备动态的获取其行驶周围环境的图像信息，并与内置图像数据库中的信息进行比对，以确定 AGV 当前位置并为下一控制周期的行驶做出决策。该导引方式可靠性较差，较难实现高精度定位，因此，目前该方法尚未被广泛应用。

（三）特点

（1）运行路径和目的地可以由管理程序控制，机动能力强。而且某些导向方式的线路变更十分方便灵活，设置成本低。

（2）工位识别能力和定位精度高，具有与各种加工设备协调工作的能力。在通信系统的支持和管理系统的调度下，可实现物流的柔性控制。

（3）载物平台可以采用不同的安装结构和装卸方式，能满足不同产品运送和加工的需要。因此，物流系统的适应能力强。

（4）可装备多种声光报警系统，能通过车载障碍探测系统在碰撞到障碍物之前自动停车。当其列队行驶或在某一区域交叉运行时，具有避免相互碰撞的自控能力，不存在人为差错。因此，AGV 比其他物料搬运系统更安全。

（5）AGV 组成的物流系统不是永久性的，而是在给定的区域内设置。与传统物料输送系统在车间内固定设置且不易变更相比，该物流系统的设置柔性强，并可以充分利用人行通道和叉车通道，从而改善车间地面利用率。

（6）与其他物料输送方式相比，初期投资大，但可以大幅度降低运行费用，特别是在产品类型和工位较多时。AGV 在国内限制发展的原因就是价格太贵，一般行业无法接受。

（四）结构

AGV 小车基本结构由机械系统、动力系统和控制系统三大系统部分组成。机械系统包含车体、车轮、转向装置、移栽装置、安全装置几部分，动力系统包含电池及充电装置和驱动系统、安全系统、控制与通信系统、导引系统等。

1. 车体

AGV 小车的车体主要由车架、驱动装置和转向机构等组成，是基础部分，是其他总成部件的安装基础。另外，车架通常为钢结构件，要求具有一定的强度和刚度。

驱动装置由驱动轮、减速器、制动器、驱动电机及速度控制器（调速器）等部分组成，是一个伺服驱动的速度控制系统，驱动系统可由计算机或人工控制，可驱动 AGV 正常运行并具有速度控制、方向和制动控制的能力。

转向机构根据 AGV 小车运行方式的不同，常见的 AGV 转向机构有较轴转向式、差速转向式和全轮转向式等形式。通过转向机构，AGV 可以实现向前、向后或纵向、横向、斜向及回转的全方位运动。

2. 动力装置

AGV 小车的动力装置一般为蓄电池及其充放电控制装置，电池为 24V 或 48V 的工业电池，有铅酸蓄电池、镉镍蓄电池、镍锌蓄电池、镍氢蓄电池、锂离子蓄电池等可供选用，需要考虑的因素除了功率、容量（Ah 数）、功率重量比、体积等外，其中最关键的因素是需要考虑充电时间的长短和维护的容易性。

3. 控制系统（控制器）

AGV 小车控制系统通常包括车上控制器和地面（车外）控制器两部分，目前均采用微型计算机，由通信系统联系。通常，由地面（车外）控制器发出控制指令，经通信系统输入车上控制器控制 AGV 运行。

车上控制器完成 AGV 的手动控制、安全装置启动、蓄电池状态、转向极限、制动器解脱、行走灯光、驱动和转向电机控制与充电接触器的监控及行车安全监控等。

地面控制器完成 AGV 调度、控制指令发出和 AGV 运行状态信息接收。控制系统是 AGV 的核心，AGV 的运行、监测及各种智能化控制的实现，均需通过控制系统实现。

4. 安全装置

一般情况下，AGV 都采取多级硬件和软件的安全监控措施。如在 AGV 前端设有非接触式防碰传感器和接触式防碰传感器，AGV 顶部安装有醒目的信号灯和声音报警装置，以提醒周围的操作人员。对需要前后双向运行或有侧向移动需要的 AGV，则防碰传感器需要在 AGV 的四面安装。一旦发生故障，AGV 自动进行声光报警，同时采用无线通信方式通知 AGV 监控系统。

5. 导引装置

磁导传感器加地标传感器，接受导引系统的方向信息，通过导引+地标传感器来实现 AGV 的前进、后退、分岔、出站等动作。

6. 通信装置

实现 AGV 小车与地面控制站及地面监控设备之间的信息交换。

7. 信息传输与处理装置

对 AGV 小车进行监控，监控 AGV 所处的地面状态，并与地面控制站实时进行信息传递。

8. 移（运）载装置

AGV 小车根据需要还可配置移（运）载装置，如：滚筒、牵引棒等机构装置，用于货物的装卸、运载等。

（五）操作方式

（1）预定路径运行。小车在事先设定好的路径上运行，沿着固定的导引线、导轨或者其他导航设施进行导航。这种方式适用于需求较为简单、路径固定的场景，例如在生产线上的物料搬运。

（2）自动导航运行。小车通过搭载导航系统（如激光导航、视觉导航等）和传感器来感知周围环境并确定行进的路径。根据实时的环境状况进行动态的路径规划和导航，适用于需要灵活适应多变环境的场景。

（3）磁带导向运行。在地面上铺设磁带或磁贴，AGV 小车通过检测磁场变化来进行导航。这种方式适用于介于预定路径和自动导航之间的场景，可以在固定路径上实现较高的准确性。

（4）轨道运行。AGV 小车在额定轨道上行驶，通过沿轨道的传动系统实现移动。这种方式适用于需要高精度定位和重载运输的场景。

（5）人工控制运行。AGV 小车由操作员通过遥控或者手动控制进行操作和导航。这种方式适用于特殊需求或者紧急情况下的操作。

（六）注意事项

（1）不要超载，当 AGV 小车超过限定载重会影响 AGV 小车的正常使用，损害 AGV 小车的使用寿命。

（2）定期清理 AGV 小车车体灰尘和杂物，保持干净卫生。

（3）AGV 小车在工作时，不要在它的两侧进行其他工作，以免发生事故。

（4）作业完毕后，检查驱动轮、轴承、机械防撞传感器、障碍物传感器、路径检测传感器是否正常。

（5）当 AGV 小车出现故障时，非操作人员不得随意拆装。

（6）可以给 AGV 小车驱动轮的传动机构添加一些润滑油，增加使用寿命。

五、智能托盘库管理系统

（一）简介

智能托盘库管理系统是一套集仓库订单处理、库存控制、仓库信息管理、仓库物流管理、信息统计上报、出入库管理、拣货管理、库存管理、仓库调拨管理、打印管理、后台管理端于一体的管理工具系统，它能够按照运作的业务规则和运算法则，对信息、资源、行为、存货和分销运作进行更完美地管理，提高效率。

（二）基本功能

（1）入库管理：实现入库信息登记、分类摆放、打印标签等功能，提高入库效率，减少错误率。

（2）出库管理：实现出库订单管理，包括订单拣货、装箱、打包等功能，避免无序出库，提升出库效率。

（3）库存管理：实时监控仓库库存量和库存状况，方便出入库管理，减少库存误差和丢失。

（4）盘点管理：对仓库进行定期或不定期的盘点，提高库存精度，防止库存短缺和盈亏的发生。

（5）统计分析：系统可以对库存流水和出入库记录进行统计和分析，帮助企业了解库存流转和销售情况，进行销售预测和备货决策。

（6）报表管理：系统可以根据企业的需求，生成各种仓库管理报表，包括库存报表、出入库报表、盘点报表等，方便企业对仓库的管理和控制。

（三）系统体系架构

智能托盘库管理系统体系架构如图 3-7 所示。

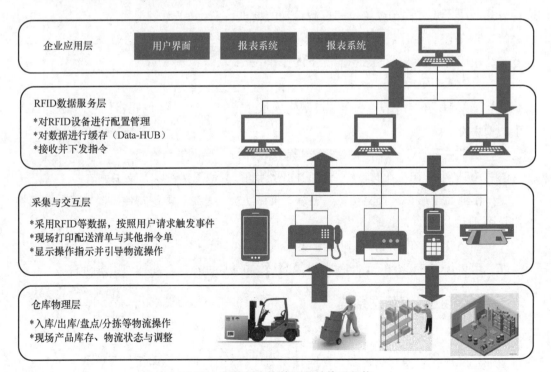

图 3-7　智能托盘库管理系统体系架构

（1）仓库物理层。仓库物理层包括仓库、库位、托盘、叉车、货物、现场作业等。现场作业包括货物入库、出库、盘点、分拣、调拨、拆分、移库等。仓库所有有效库位（库区）、托盘要求安装 RFID 电子标签，以实现单个库位（库区）托盘的精细化管理。

（2）采集与交互层。含各种现场数据采集和用户交互设备，包括 RFID 手持终端、RFID 固定式阅读器等。主要提供用户操作指引，现场数据采集、数据录入等。为系统提供实时的现场数据采集和交互操作指引。

（3）RFID 数据服务层。对系统中的 RFID 设备及相关设备进行管理，采集数据的收集、缓存、过滤，控制指令及相关数据的收集、分发等。数据服务层以系统软件服务的方式运行在系统服务器，提供对用户应用层及数据采集交互层的 RFID 数据及相关控制指令的数据服务。

（4）企业应用层。提供给仓库调度管理中心、远程管理中心的计算机软件用户管理交互界面，同时提供报表及数据查询服务。管理中心对仓库及货物的计划制定、管理控制、数据监控等均通过企业应用层提供。

（四）系统优势

（1）系统集入库业务、出库业务、仓库调拨、库存调拨等功能为一体，并具有全面的批次管理、产品对应、库存盘点、质检管理、实时库存管理等功能，还可以精确跟踪仓储物流全过程，控制成本管理，提高仓库拣货作业效率。

（2）作为整个仓储物流中心的中心系统，一方面，与企业 ERP 系统全面集成，及时接收订单指令，并将订单执行结果反馈给 ERP 系统；另一方面，通过各种预设的操作规则和优化算法，动态调度射频手持终端和电子标签，完成整箱或拆解拣选作业，实现货物精准配送。

（3）可以准确管理产品，系统可随时查询仓库中每件产品的位置及对应数量；出货时，可按先产先出自动锁定产品，引导操作人员到指定库位取货，支持详细查询每个产品的入库时间、出库时间、销售流量等信息。

（4）简单化、标准化、专业化的仓储管理操作。由仓储管理软件全程指导操作人员工作，减少人员记忆和人工输入，摆脱物流中心对岗位人员的依赖。

第二节　智能托盘库计量业务应用

在电力设备仓储运输中，智能箱表库虽然具有灵活出入库的优势，但是无法满足仓储量级较大规模的仓库，即无法满足大批量出入库的需求，而传统托盘库可以解决该问题。但是传统托盘库缺失灵活性，智能托盘库恰好可以弥补上述缺陷。

托盘是在运输、搬运和存储过程中，将物品规整为货物单元时，作为承载面并包括承载面上辅助结构件的装置，托盘可以采用手推平台车，基于手压或脚踏为动力，通过液压驱动使载重平台实现升降。智能托盘库是一种现代化的仓储系统，利用自动化技术和立体仓储设备来管理和存储货物。该系统以托盘为基本单位，借助自动化设备，实现货物的自动化存储、检索和搬运，为了便于货物装卸、运输、保管和配送等而使用的负荷面和叉车插口构成的装卸用垫板。它是物流周转中最不起眼，却又无处不在的一种物流工具，是静态货物转变为动态货物的主要手段，智能托盘引进后广泛应用于物流运输行业。另外随着网络科技的发展传统托盘又被赋予了新的定义：智能化芯片的使用使人们可以随时通过网络和手机终端掌握托盘的位置，动态了解上面装载的货物情况，真正实现了无人化仓储，大大提高了仓储效率。智能托盘是未来物流的发展趋势，在国网营销计量装置运输仓储环节得到推广应用。

一、智能托盘应用介绍

智能托盘主要包括托盘本体、信息检测模块、定位模块、路线监测模块、主控模块、警报模块、无线通信模块及电源模块。托盘本体整体为长方体，托盘中部预留有一块安装仓，用于安装压力传感器以及主控模块、定位模块、路线监测模块、无线通信模块，上述模块可以集成在一块线路板上，线路板安装在中心位置的压力传感器下方。其中，可配置多个压力传感器，设于托盘本体上表面的中心以及靠近边缘的四角位置；托盘本体一侧的外壁上还设有显示屏，与主控模块电连接；托盘本体一侧的外壁上还设有操控面板，与主控模块电连接；托盘本体一侧的外壁上还设有充电接口，与可充电电池电连接，如图3-8所示。

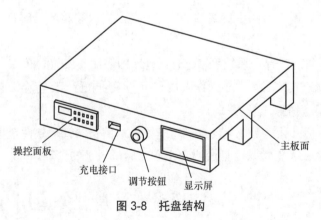

图 3-8 托盘结构

1. 智能托盘器件结构

智能托盘上智能器件的主体结构由7大模块构成，分别是信息检测模块、定位模块、路线监测模块、主控模块、警报模块、无线通信模块、电源模块，它们位于托盘主体上，通过电路实现功能连接（见图3-9）。

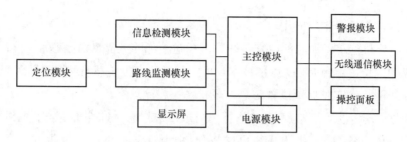

图 3-9　智能托盘上智能器件的电连接关系示意图

（1）信息检测模块。包括数据采集单元和数据处理单元，数据采集单元用于采集托盘本体的自身参数及环境参数数据，采集的范围包括托盘本体及其承载的托盘货物实时状态；数据处理单元用于分别将自身参数及环境参数数据与预先设定的对应阈值进行比对分析，提取异常参数数据，并将自身参数及环境参数数据及异常参数数据发送至主控模块。

（2）定位模块。用于实时获取托盘本体的位置信息，并将位置信息发送至路线监测模块；可以采用 GPS 定位器或北斗定位器，具体可以根据需要合理选择。

（3）路线监测模块。用于根据预设的路线数据以及位置信息对托盘本体的运输路线进行监测，在运输路线偏离预设的路线数据时，生成偏航预警信号，并将位置信息和偏航预警信号发送至主控模块。

（4）主控模块。用于根据异常参数数据或偏航预警信号，向警报模块发出预警指令，还用于将接收到的所有数据发送至无线通信模块。可以采用单片机或可编程逻辑控制器，主要实现指令生成、数据收发、数据运算等功能。

（5）警报模块。可采用声光报警器，通过声音或报警灯颜色的不同对报警信号进行区分，接收预警指令，发出预警信号，实现多种预警功能。

（6）无线通信模块。用于将接收到的数据实时上报。

（7）电源模块。用于智能托盘智能器件的供电稳定。

智能托盘通过上述 7 大模块与智能监管终端电连接，结合内置 GPS/BD 定位功能技术，实现对货物运输过程中状态的全程监测，并将采集到的真实数据实时共享，方便用户随时掌握货物在途状态，这可以在很大程度上保障安全性并提高效率。

2. 智能托盘的功能

（1）信息实时监测。该智能托盘能够对自身及环境信息进行实时监测，检测自身受到的压力、自身角度以及周围温度信息，能够在压力、温度超标，角度偏离设定阈值等异常情况出现时及时发出警报以提示异常状态，这可以在很大程度上避免因超负荷或超温工作而对托盘造成损伤，能够根据自身角度获知上方货物的码放状态，在角度偏离时，说明货物有可能出现歪斜或码放不对称的问题，从而可避免货物倒塌的风险和损失。

（2）路线监测。该智能托盘具有路线监测功能，能够避免因路线偏离而降低运输效率的问题，定位模块的设置也能够避免托盘丢失的问题，整个托盘结构设计合理，且功能更加完善、智能，更适合推广应用。

（3）实时定位追踪溯源。利用安装在物流托盘内部的"智慧物流芯片"终端，可实现对物流托盘的定位，结合 RFID 识别技术，可实现对托盘上装载货物精准识别的目的，并且可通过在线网络，实时更新位置信息，轻松掌握物流动态。

（4）数据主动传输。可主动对货物进行扫描并上传数据，将货物信息与托盘绑定在一起。

（5）优化供应链。在途监管系统可以与企业园区卡口硬件端、企业内部管理 ERP 系统实现无缝对接，各个部分的数据相互传递，各个环节自动联动，从整体提升其物流信息化水平。

二、智能托盘库在计量业务中的应用

智能托盘库目前广泛应用于一线计量业务，其融合子母穿梭车（设备以子母车，提升机配合链条线为主，以托盘为载体存放电表）、堆垛机（设备以中型托盘堆垛机配合链条线为主，以托盘为载体存放电表）、料箱库、有轨穿梭小车（rail guided vehicle，RVG，用于各类高密度储存方式的仓库），发挥着多方位角色。目前智能托盘库的应用主要分为以下四大类：

（1）子母穿梭车智能托盘库多用于散表或各类耗材存放，该类智能托盘库平均占地 $250m^2$，库区平均高度 5m。该类托盘库设备以子母车，提升机配合链条线为主，以托盘为载体存放电表可容纳超过 5200 箱单相表规模，库房主要用于旧表或散表或各类耗材的存放。

（2）堆垛机智能托盘库目前多用于县级库房，设备以中型托盘堆垛机配合链条线为主，以托盘为载体存放电表，可容纳超过 4000 箱单相表，库房主要用于电表的存放和配送缓存，库房整体吞吐量可达 6000 箱/天（8h）

（3）复合式立体仓（料箱库+托盘库）可减少人工投入，机器人实现箱表库和托盘库贯通，大幅度提高工作效率。同时采用管理精益化，通过对物料电子标签进行盘点，随时掌控库房动态情况，仓储和物流数字化管理：可快速导出待查验货物报表。

（4）复合式立体仓（托盘库+RGV）采用高精度对接，该托盘库速率高，可大幅度提高工作效率，且可 24h 连续作业，实现货物信息的数字化管理。设备管理系统和上层系统无缝对接，提升管理智能化水平。

多种形式融合的智能托盘库在国网公司已经得到广泛推广应用。国网某地市公司二级表库目前已成熟投运多年，表库整体分为人工周转区、智能托盘区两个区域，负责市本级资产管理工作。根据国网公司相关规定，电能表库存时间超过 6 个月需要实验室重新检定合格后方可继续使用，暂存区域就是接收全市库存时间临近 6 个月需送进实验室检定的电能表的暂存区。目前二级仓托盘普遍采用 RFID（一种射频自动识别技术，其技术与智能托盘相融合。通过标签发射射频信号，经由天线传输，再由接收机获取相关数据，可在较为恶劣环境下识别也可识别高速运动的物流商品在物流运输、仓储、加工、配送过程中，可以将物流信息和商品数量、价格、产地等信息写入并内嵌在托盘上的模组中，实现信息的传递。）射频或条码识别技术，周转箱采用条码识别，在出入库过程中能方便识别，并将信息存放至网络数据库。其信息包括托盘与周转箱条码、表计条码的绑定信息。通过RFID技术，目前托盘库出入库一次读写成功率达到99.95%。

电力计量装置的仓储运输是电力设备运输的核心环节，下面针对电力系统中的计量装置逐一说明。

1. 智能托盘库电力计量设备的出入库流程

（1）成品货箱入库。带电子标签的空托盘进入托盘入口，由读写设备对电子标签进行读写测试，保证性能达到标准的电子标签进入流通环节。条码扫描系统对检验合格的成品货箱上的条码进行扫码，装垛，读写器将经过压缩处理的整个托盘货箱条码信息写入电子标签中，实现条码与标签的关联，并将信息传给中央管理系统。

（2）仓储环节进行托盘货箱变更或零散货箱拼装。采用移动式读写设备把调整后的货箱数据与标签的重新关联，将新的信息写入标签，同步更新中央数据库。

（3）托盘出库。通过固定式读写设备及地埋式天线采集电子标签信息，并上传至中央管理系统，系统验证后将数据解压形成货箱条码信息，实现与一打两扫商业到货扫描系统的对接。

（4）配送中心接收。托盘在阅读区停留2～3s就可以完成整个托盘上的货箱的扫描，无需拆垛单件扫码再装垛。

2. 二级托盘库功能要求

（1）采用托盘货架区或周转箱货架区或采用托盘和周转箱货架相结合方式，托盘货架区和周转箱货架区的比例，根据管理要求合理配置。仓储区要求布置科学合理、安全可靠，存贮容量最大化，整体设计。

（2）多层货架（柜）的层数与长度根据库房大小确定，货物流转通道宜至少预留2000mm。

（3）采用托盘或周转箱存储单元其尺寸应与公司计量中心对接，托盘尺寸为1100mm（长）×1100mm（宽），周转箱外径尺寸为585mm（长）×465mm（宽）×195mm（高），采用纸质周转箱，使用后不再回收。

（4）周转箱装满后总重量不超过25kg，托盘堆放量可根据需要设定，最多叠放数量根据周转箱承重能力、设备运载的稳定性考虑，每托盘宜按存储4层16箱表计考虑。

三、电能表、采集终端智能托盘库

电能表是电力系统中重要的计量采集装置，主要用于测量电能，又称电度表、火表、千瓦小时表，指测量各种电学量的仪表。电能表可直接接入电路进行测量。在高电压或大电流的情况下，电能表不能直接接入线路，需配合电压互感器或电流互感器使用。电能表的精准出入库是仓储环节的关键，随着经济建设的发展，每天电能表出入库的数值跃升，人工记录的出入库模式已经无法满足需求，而智能托盘可满足目前电能表大批量出入库的要求。

2018 年，国家电网公司年计量工作推进会向来自国网系统各省、市、自治区公司营销及管理人员展示了智能托盘库最新技术，智能托盘库控制性和实用性，获得与会人员的高度称赞，成为会场众人瞩目的焦点。

目前，国网公司在每个地市公司、县公司设置一个二级库房区域，在库房区域下设置智能托盘库、智能箱表库、智能周转柜与人工库等。在各个库房下按需设置电能表库区、互感器库区、终端库区等；库区下设置存放区，存放区下设储位，储位信息由表库本地记录。

智能托盘库里每只电能表上都贴有信息标签——条形码。利用带编码的工单自动识别方式，配以计量中心监控平台，电能表从计量中心一级表库到各县市公司二级库房存储领用，实现全过程刚性管控，提升了电能表资产管理水平，有效支撑电能表的全寿命周期管理，"电能表智能托盘库"有效规范了表计的领用流程，满足供电所零散及抢修用表管理需求，进一步提升了计量中心一级库房到二级库房电能表资产管理水平。

四、互感器智能托盘库

交流电路中直接测量大电流或者高电压相对困难，常用特殊的变压器把大电流转换成小电流、高电压转换成低电压后再测量，此类转换装置称为电流互感器与电压互感器。使用互感器的优点在于使测量仪表与高电压隔离，保证仪表和人身的安全；可扩大仪表的量限，便于仪表的标准化；还可以减少测量中的能耗。因此，在交流电压、电流和功率的测量中，以及各种继电保护和控制电路中，仪用变压器用于电力系统中，作为测量、控制、指示、继电保护等电路的信号源。可以使仪表、继电器等与高电压、大电流的被测电路绝缘，可以使仪表继电器等的规格比直接测量高电压、大电流电路时所用的仪表、继电器规格小得多且规格统一。仪用变压器主要在测量高电压、大电流时使用，又称仪用互感器。互感器作为重要的计量装置，在电能计量中，高精度的电能互感器对仓储、运输环节有着严格的要求。互感器的出入库流程：

（1）通过仓储运输将互感器运送抵达仓库；

（2）工作人员在营销系统上成立新任务；

（3）工作人员通过按钮设置出库新托盘；

（4）托盘出库之后，人工将托盘放置升降平台小车，将小车推至大门处由人工进行互感器装盘；

（5）将小车推至入库口位置，工作人员发出入库指令，入库口底部机修钩爪将托盘钩入；

（6）入口完成后由推垛机进行输送放入货架。

在整个互感器仓储出入库流程中，智能托盘起着至关重要的作用。智能托盘可提高仓储的效率，与人工仓储相比，智能托盘速率提升 200%，且具有高精准度的特征，即可以精准将特定型号的互感器移放至特定仓储货架区域，可以实现零差错，目前智能托盘技术已经在国网互感器出入库环节得到普及应用。

构建智能托盘系统是"十四五"规划期间物流数字化升级的重要任务。智能托盘系统是移动智能化的重要载体。国民经济转型发展依存于技术创新驱动，将传统托盘和人工智能、区块链、物联网和 5G 技术融合的智能托盘系统推动着物流智能化的前进。在传统托盘或新材料托盘上加装能移动读取的智能芯片，帮助托盘完成供应链中货物的追踪，并实时提供物流和货物信息，实现物流可视化。在物流仓储和运输中，通过智能托盘传递信息，可以提高货物识别和验收效率，减少在途在库作业，加强货物监控，减少货差货损，有效降低物流成本。

通过托盘数字化智能创新实现托盘数据、物流数据和货物数据关联。在供应链中用托盘载具贯穿上下游，通过托盘序列化运输和仓储、智能化在途在库作业、数字化移动处理，真正促进供应链高效协同。

第四章 智能子母仓储库

第一节 智能子母仓储库软硬件设备

智能子母仓储库系统分别由硬件设备和软件设备组成，硬件设备主要包括子母仓储设施、智能仓储货架、子母穿梭车、穿梭车换层提升机、库端站台设备和外设其他输送设备系统组成；软件系统主要是指智能子母仓储管理系统，包括仓储管理控制系统（WMS）、企业信息化管理（ERP）、智能优化调度系统等组成。

一、子母仓储设施

（一）简介

子母仓储设施是运用了如子母穿梭车等子母式设备的一种高密度储存存放、管理和保护物品、电能计量资产、原材料或其他物资的物理空间，被广泛应用于仓储和物流行业中。它通过使用自动化设备，如子母车和货架系统，实现了高效的电能计量资产存储、检索和分拣。它适用于需要大规模、高密度存储和自动化物流操作的仓储环境，能够提高仓库的效率和准确性，满足计量设备资产管理业务的需求。

近年来，随着实际可供给建设存储仓库的土地短缺及仓储物流业务的发展，仓库的容量和运行能力面临巨大挑战，要求仓库在相同建筑面积内尽可能多的放置设备和货位，即增加存货量。智能子母仓储库通常能够实现更高的库存容量和更快的处理速度，从而满足计量设备存取的需求。

堆垛机立体仓库（AS/RS）是最广泛应用的自动化仓储物流系统，但堆垛机立体仓库的局限性以及占地面积大的缺点限制了发展，并且系统的作业效率有限，尤其集中入出库效率上并不理想，这些因素共同推动了密集存储系统的发展。

密集存储系统相比较堆垛机式自动化立体库系统，计量设备间距进一步压缩，存储量更大，密集存储系统作为智能物流的新模式，应用越来越广泛，如电力工业、食品等行业，一方面提高了空间利用率，解决存货量的问题；另一方面对使用方式提出新要求，对传统模式产生冲击。

子母车式密集存储系统作为密集存储系统的衍生与补充，其中穿梭母车替代了堆垛机的水平运动，子车替代了堆垛机货叉运动，提升机替代了堆垛机的垂直运动，利用先进的自动化和智能技术将三者有机组合以实现计量设备更快速出入库，其效率更高、柔性更强。

随着科技的不断进步，智能子母仓储库也将在未来迎来更多创新和发展。

智能化升级：将人工智能、机器学习等技术应用于穿梭车提升机，提升其自主导航、路径规划和故障预测的能力。

物联网整合：通过与物联网技术的整合，实现设备之间的数据共享和协同工作，实现更高级别的智能化操作。

能源节约：采用更环保、节能的动力系统，减少能源消耗，降低对环境的影响。

智能子母仓储示意图分别如图 4-1 和图 4-2 所示。

 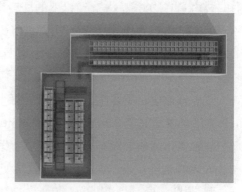

图 4-1 智能子母仓储示意图一　　　　　图 4-2 智能子母仓储示意图二

（二）分类

1. 一类物资子母仓：适用于省级电力公司电能计量物资仓库

（1）室内库房。包括室内货架区、室内堆放区、作业区及相应的作业通道。作业区由装卸区、入库待检区、不合格品暂存区、仓储装备区、出库（配送）理货区组成。

室内货架区依据物资存放类别统计，需要横梁式货架 200～450 组、悬臂式货架80～160 组、线缆盘架 50～120 组，测算得出室内货架存储区建筑面积取值 1800～2700m²。

室内堆放区依据物资存放类别统计，需要托盘 1650～2043 个，周转箱 100～200 个，结合调研测算得出室内平面堆放区建筑面积取值 2100～3100m²。

作业区测算取值 900～1550m²。

作业通道沿货架存储区和室内平面堆放区周边布置。测算取值 1500～2750m²。

（2）室外料棚。室外料棚区用于存放质量及体积较大、临时存放的物资，物资存储方式为堆放。根据调研测算，室外料棚区面积取值 1100～1400m²。

（3）附属用房。附属用房主要包括仓库保管人员办公室、值班室、保安监控室、资料档案室、会议室、工器具室、食堂、卫生间、通信设备室等。

仓库管理人员办公室建筑面积按照人均不大于 $9m^2$ 计算；会议室人均建筑面积按照 $2m^2$ 计算；卫生淋浴用房人均建筑面积按照 $1.5m^2$ 计算；食堂用房人均建筑面积按照 $3.7m^2$ 计算，不足 1 间按 1 间设置：

保安监控室等用房，按实际需要计列建筑面积。

根据调研测算，附属用房总建筑面积取值 $300\sim500m^2$。

（4）室外堆场。室外堆场用于存放导线、电缆、电杆、变压器、废旧物资等，物资存储方式为堆放，可根据实际需求设置。

2. 二类物资子母仓：适用于市级电力公司电能计量物资仓库

（1）室内库房。

1）售电量在 200 亿 kWh 及以上的周转库。

a. 室内货架区，根据物资存放类别统计，需要横梁式货架 200 组，每组占地面积 $3m^2$，共为 $600m^2$；悬臂式货架 80 组，每组占地面积 $1.2m^2$，共为 $96m^2$；线缆盘架 50 组，每组占地面积 $8m^2$，共为 $400m^2$，合计 $1096m^2$，取值 $1100m^2$。

b. 室内堆放区，需要托盘 2092 个，每个托盘占地面积 $1.2m^2$，共为 $2510m^2$；周转箱 1000 个，每个占地面积 $0.24m^2$，共为 $240m^2$。合计 $2750m^2$，取值 $2750m^2$。

c. 装卸区，考虑装卸车辆停放和大型设备运输通行，取值 $80m^2$。

d. 入库待检区，用于存放已完成收货交接，尚未通过验收的物资，取值 $150m^2$。

e. 不合格品暂存区，用于存放未通过验收的物资。取值 $70m^2$。

f. 仓库装备区，用于停放叉车（3T）1 辆、堆垛车（1.6T）1 辆、手动推车（2T）2 辆、台称 3 台。取值 $200m^2$。

g. 出库（配送）理货区，用于存放已办理出库手续，尚未装车配送的物资。取值为 $200m^2$。

h. 作业通道，按货架存储面积 1.5 倍计算。取值 $1500\sim1650m^2$。

2）售电量在 100 亿～200 亿 kWh 的周转库。货架存储取值 $700\sim1000m^2$，室内平面堆放区取值 $800\sim1500m^2$，作业区取值 $300\sim400m^2$，作业通道取值 $1050\sim1500m^2$。

3）售电量在 100 亿 kWh 以下的周转库。货架存储区取值 $500\sim700m^2$，室内平面堆放区取值 $500\sim800m^2$，作业区取值 $250\sim300m^2$，作业通道取值 $750\sim1050m^2$。

（2）室外料棚。根据调研情况和现场实际需求，售电量在 200 亿 kWh 及以上的周转库，取值 $0\sim740m^2$；售电量在 100 亿～200 亿 kWh 的周转库，取值 $0\sim500m^2$；售电量在 100 亿 kWh 以下的周转库，值 $0\sim500m^2$。

（3）附属用房。

1）附属用房主要包括仓库保管人员办公室、值班室、保安监控室、资料档案室、会议室、工器具室、食堂、卫生间、通信设备室等。

2）仓库管理人员办公室建筑面积按照人均不大于 $9m^2$ 计算；会议室人均建筑面积按照 $2m^2$ 计算；卫生淋浴用房人均建筑面积按照 $1.5m^2$ 计算；食堂用房人均建筑面积按照 $3.7m^2$ 计算，不足 1 间按 1 间设置；保安监控室等用房，按实际需要计列建筑面积。根据调研测算，附属用房总建筑面积取值 $200\sim360m^2$。

（4）室外堆场。室外堆场用于存放导线、电缆、电杆、变压器、废旧物资等，物资存储方式为堆放，可根据实际需求设置。

3．三类物资子母仓：适用于县级电力公司电能计量物资仓库

（1）室内库房。室内库房包括室内货架区、室内堆放区、作业区及相应的作业通道。

1）室内货架区用于存放备品备件、运维物资等，物资存储方式一般为采用搁板式货架或横梁式货架存储；室内堆放区用于存放应急备品备件、运维物资等，物资存储方式为堆放。根据调研实际需求测定仓储点室内货架区、室内堆放区建筑面积取值 $250\sim450m^2$。

2）作业区包括装卸区、入库待检区、不合格品暂存区、仓储装备区、出库（配送）理货区。仓储点物资装卸搬运设备以平板手推车、液压手推车、叉车为主，根据调研实际需求测定，仓储点作业区面积取值 $20\sim50m^2$。

3）仓储点作业通道主要包括叉车、手推车等设备设施及人工拣货作业的通道。搁板式货架之间采用人工拣货作业时，通道宽度为 $1\sim1.5m$；采用液压手推车、平板手推车时，通道宽度为 $2\sim2.5m$；采用电动托盘堆垛叉车时，通道宽度为 $2.8\sim3.3m$；采用平衡重式叉车时，通道宽度为 $4\sim4.5m$。考虑仓库布局以及各类车辆转弯半径的要求，取值 $100\sim200m^2$。

（2）附属用房。附属用房主要包括仓库保管人员办公室、保安监控室、资料档案室、工具室、卫生间、通信设备室等。

仓库保管人员办公室建筑面积按照人均不大于 $9m^2$ 计算；卫生淋浴用房人均建筑面积按照 $1.5m^2$ 计算；保安监控室等用房，按实际需要计列建筑面积。根据调研测算，附属用房总建筑面积取值 $60\sim100m^2$。

（3）室外堆场。室外露天堆场用于存放电杆、导线、电缆、变压器等，物资存储方式为堆放，可根据实际需求设置。

（三）特点

特点包括：

（1）兼容性强：子母穿梭车智能托盘库可用于存储各种可放于托盘上的计量装置。

（2）大幅度提高工作效率：24h 连续作业。

（3）自动接驳：穿梭车自动接驳仓储和物流系统，提高出入库效率。

（4）降低人工作业强度：减少人工搬运流程。

（5）仓储和物流数字化管理：可快速导出待查验电能计量资产报表，方便业务盘点和统计。

（四）结构

1. 室内库房

室内库房通常是指位于建筑物内部的仓储区域。它具有良好的室内环境控制和安全性能，适合存储对温度、湿度等要求较高的电能计量资产。室内库房的子母仓储库结构可以与其他自动化设备结合，实现高效的电能计量资产存储和检索。

2. 室外料棚

室外料棚通常是指位于建筑物外部的仓储区域，通常是由简易结构或临时搭建的货架组成。室外料棚适用于临时存放或需要大规模空间的电能计量资产。室外料棚的子母仓储库结构可以根据需要选择合适的材料和设备，以提供安全、耐用和风雨防护能力。

3. 附属用房

附属用房是指与主仓储结构相连或附近的建筑物，通常用于支持仓储活动的相关功能，例如办公区、计量装置处理区、包装区等。附属用房可以与主仓储区域直接相连，方便人员的工作和管理。这些用房可以用于库房管理、电能计量资产分拣、装卸作业、员工休息和办公等用途。

4. 室外堆场

室外堆场是指位于室外的开放空间，用于临时存放和堆放各类电能计量资产。室外堆场通常不需要具体的货架结构，而是通过平整和标记的大面积场地来存放电能计量资产。室外堆场可根据需要设置围栏、安全标识和管道等设施，以确保电能计量资产安全和管理便利。

（五）注意事项

1. 建筑面积标准

（1）室内库房。一、二、三类仓库室内库房的建筑面积分别为6300～10100m²、2000～6200m²、370～700m²。

（2）室外料棚。一类、二类仓库室外料棚的建筑面积分别为1100～1400m²、0～740m²，三类仓库原则上不设置室外料棚。

（3）附属用房。一、二、三类仓库附属用房的建筑面积分别为300～500m²、200～360m²、60～100m²。

（4）总建筑面积标准。物资仓库总建筑面积原则上应符合以下规定：

一类仓库总建筑面积不超过12000m²；

二类仓库总建筑面积不超过7300m²；

三类仓库总建筑面积不超过800m²。

2. 建设选址

物资仓库的选址应符合当地土地利用总体规划和城乡规划的要求，选择交通便利、环境适宜、基础设施和地质条件良好的地点，宜临近省级以上公路或城市主干道。场址与易燃易爆物品场所和产生噪声、尘烟、散发有害气体等污染源的距离应符合安全、卫生和环境保护有关标准的规定。

（1）建设用地。物资仓库的建设应遵循节约土地、集约利用的原则，根据项目规模和城乡规划相关要求，合理确定建设用地。建设用地面积原则上应符合以下规定：

一类仓库占地面积控制在 30000m² 以内；

二类仓库占地面积控制在 15000m² 以内；

三类仓库占地面积控制在 1000m² 以内。

一类仓库和二类仓库占地面积，参考所辖售电量进行控制。所辖售电量在 600 亿 kWh，占地面积不超过 30000m²；所辖售电量在 300 亿～600 亿 kWh，占地面积不超过 20000m²；所辖售电量在 200 亿～300 亿 kWh，占地面积不超过 10000m²；所辖售电量 100 亿 kWh 以下，占地面积不超过 5000m²。

三类仓库占地面积，参考所辖售电量进行控制。所辖售电量在 10 亿 kWh 以上，占地面积不超过 1000m²，所辖售电量 10 亿 kWh 以下，占地面积不超过 500m²。

（2）建设规划。物资仓库的规划应符合地方城乡规划的有关规定。总平面布置应遵循功能组织合理、建筑组合紧凑、资源共享的原则，有效利用地上和地下空间，合理设置消防通道、运输通道和出入口，并应符合 GB 50016、GB 50352、GB 50763 等规定。

3. 平面布置

（1）室内库房平面功能布置应根据业务需求，合理进行功能分区，各功能区域布局紧凑，合理控制规模，满足基本需求，避免资源浪费。

（2）室内库房可采用单层或多层布置，二层及以上的库房应设置货梯，货梯在一层应有独立的出入口。

4. 建筑结构

（1）建筑物体型设计应体现简洁、经济、适用和资源节约的原则，不宜有凸凹与错落。

（2）室内库房层高应根据使用要求确定，无吊车的室内库房层高宜为 4.5～9m。有吊车的室内库房应根据轨顶标高和吊车净空要求确定，层高宜为 9～12m。

（3）室内库房外墙和屋顶宜采用彩钢板，严寒地区应采取保温措施。

（4）物资仓库的防火设计应符合现行 GB 50016 等规程规范的相关规定。

（5）物资仓库的地坪需满足承载电能计量资产重量及相关动载要求。

（6）室内库房及室外料棚的抗震设防应符合现行 GB 50223、GB 50011 的相关规定，其抗震设防类别宜按标准设防类。

（7）室内库房宜采用轻型门式钢架结构，室外料棚采用轻型钢结构，结构设计应符合现行规程规范的相关规定，并确保建筑物在设计使用年限期间能正常使用。

5. 建筑设备

（1）建筑设备应安全可靠、技术先进、高效节能、造价合理。

（2）消防系统的设置应符合 GB 50016、GB 50084、GB 50974 的相关规定，并设置火灾自动报警装置。

（3）给排水系统应满足城市规划要求，并应符合现行 GB 50015 等相关规程规范的规定。

（4）电气、采暖空调与通风等建筑设备应符合现行 GB 50052、GB 50034、GB 50019 的相关规定。

（5）安防设施应符合 GB 50395 的相关规定，满足安全生产要求。

（6）室内库房吊车的设置应根据吊装计量装置的实际需求确定，并满足现行规程规范的相关要求。

6. 装修标准

（1）室内库房地面宜采用彩色耐磨地面；室外料棚地面宜采用不吸水、易冲洗、防滑的面层材料。

（2）附属用房装修参照发改投资（2014）2674 号执行，采用基本装修。

（3）装修材料应选用绿色节能、环保、防火型建筑材料。

7. 费用构成及造价标准

物资仓库建设费用由建筑工程费、安装工程费、室外配套工程费、其他费用、不可预见费五部分构成，本部分其他费用中不包括建设征地、拆迁及清理费。

物资仓库分为室内库房、室外料棚、室外堆场（含道路）。室内库房费用构成及造价标准见表 4-1。

表 4-1　　　　　　　　　　室内库房费用构成及造价标准　　　　　　　　　单位：元/m²

序号	分部分项工程名称	费用金额（一类-三类）
一	建筑、安装工程费	3300-2460
1	主体结构	1950-1450
2	室内外装修	（Q/GDW 11382.5—2015）680-510
3	给排水	40-30
4	电气	190-140
5	弱电	120-90
6	采暖、通风与空调	70-50
7	消防	200-150
二	室外配套工程费	280-210
	小计	3530-2630
三	其他费用	不应超过建筑安装工程费用的 15%
四	不可预见费	可行性研究阶段按 4%，初步设计阶段按 2% 计列

（1）室内库房单位造价为建筑面积每平方米造价，根据建设类别不同选取适当的数值，不应超过以下规定：

1）一类用房建筑面积每平方米造价控制在 4500 元以内。

2）二类用房建筑面积每平方米造价控制在 3900 元以内。

3）三类用房建筑面积每平方米造价控制在 3400 元以内。

室外料棚单位造价为室外料棚建筑面积每平方米造价，每平方米造价宜控制在 1500 元以内。

室外堆场（含道路）单位造价为室外堆场占地面积每平方米造价，每平方米造价宜控制在 350 元以内。

（2）费用标准编制过程：结合建设标准及范围，以现行定额及取费标准为基础，编制了物资仓库室内库房一类、二类、三类平均造价水平的区间标准。同时结合各地区的人工单价、材料价格及机械台班单价差异，测算出各地区的造价调整系数。由于工程建设的多样性、复杂性，应结合各地区政策、法规及价格变化，对造价标准进行动态管理。

（3）由于各地区征地费用、场地拆迁及清理费用差异较大，费用标准不含此类费用。

（4）费用标准中仅包括满足建筑物基本使用功能的配电、给排水、消防、暖通等设备费用。弱电工程造价主要包括有线电视、电话、门禁、电子围栏、电视监控、综合布线等系统造价。

（5）费用标准不含货架、叉车、仓储管理系统等相关费用。

（6）室外料棚、室外堆场造价标准包含照明及视频监控费用。

（7）不可预见费又称预备费，是指建设期内可能发生的风险因素而导致的建设费用增加。预备费又包括基本预备费和涨价预备费两种。此次标准编制仅考虑基本预备费部分，按建筑工程费、安装工程费、室外配套工程费及其他工程费之和的 4%考虑。

8. 建筑面积调整

（1）原则。

1）对于地震、台风、干旱、洪水、冰灾等自然灾害频发的区域，一类库库总建筑面积可上浮 20%。

2）三类仓库原则上不设置室外料棚，如有需求可设置，建筑面积不超过 90m^2。

3）一、二、三类仓库室内库房建筑面积是主要依据仓库设施（如货架、线缆盘架、托盘、周转箱等）配置的数量确定，如仓库设施的实际需求配置数量超出本部分的统计测算数量，可相应增加仓库建筑面积。

4）严寒地区附属用房可设置采暖设备用房、车库，建筑面积按需计算。

（2）工程造价调整原则。

1）工程造价控制标准及调整系数随政策法规及物价水平等因素变化动态调整。

2）设置吊车的物资仓库，吊车设备及安装费用单列。

3）设置货梯的物资仓库，货梯设备及安装费用单列。

二、智能仓储货架

（一）简介

智能仓储货架是仓库管理的关键设备之一，它通过使用自动化设备和智能技术，实现对仓库电能计量资产的存储、拣选和管理。相比传统的手工操作，智能仓储库货架能够提高仓库的电能计量资产处理效率，减少人力成本，提升工作效益。

智能仓储货架采用穿梭式货架，是与子母车配合使用的专业特殊货架类型，较于常规的横梁式货架，穿梭式货架通过子车轨道以及母车轨道与货架的互相连接，具有更加紧密的连接结构，使货架的整体性更强，相对应的强度和刚度也随之提高，保证货架稳定性，如图4-3所示。

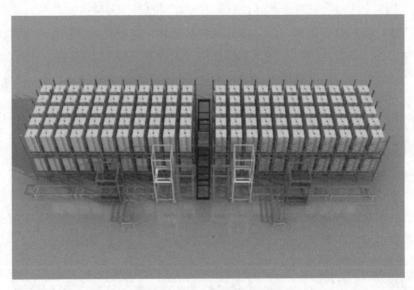

图4-3　智能子母仓储库货架

穿梭式货架中使用的轨道，既要保证子母车高速平稳的运行，也同时需要保证可正常承载设备，所以衍生了特殊的轨道类型。既可以保证子车在轨道中顺利运行，又可保证电能计量资产放置的稳定性，且穿梭式货架可以做到一端入库，一端出库，在物理上满足计量设备的先入先出。

（二）分类

智能仓储货架可以根据不同的需求和功能进行分类，常见的分类方式包括：

（1）固定式货架。固定式货架是最基础的货架，通过设置合适的高度和宽度，用于存放电能计量资产。它可以根据需要调整货架的层数和间距，适应不同规格和尺寸的电能计量资产。

（2）移动式货架。移动式货架通过设置移动设备，可以在需要时将货架移动到合适的位置。这种货架可以更好地利用仓库的空间，提高存储密度，优化仓库布局。

（3）伸缩式货架。伸缩式货架可以根据电能计量资产的数量和尺寸进行调整，实现灵活的存储和取货。它可以通过智能控制系统自动调整，适应不同规格和尺寸的电能计量资产。

（三）特点

智能仓储货架具有以下特点和优势：

（1）作业效率高。智能货架可以通过自动化设备实现电能计量资产的自动存储和拣选，大大提高了仓库的处理效率。它能够快速准确地定位电能计量资产，并将其送达指定位置，节约了时间和人力成本。

（2）布置灵活性强。智能货架的设计灵活多样，可以根据需求进行调整和组合。它可以适应不同规格和尺寸的电能计量资产，提供灵活的存储和管理方案。

（3）安全性能好。智能货架通过智能控制系统和传感器，可以监测和避免货架的过载、倾斜等情况，保证了电能计量资产的安全。它还可以实现电能计量资产的防盗和防损，提高了仓库的安全性。

（4）空间利用率高。智能货架可以根据需要进行调整和移动，更好地利用仓库的空间。它可以提高仓库的存储密度，优化仓库布局，为仓库管理提供更多的空间。

（四）结构

智能仓储货架整体结构的总体尺寸、承重能力、刚强度必须满足国家设计规范标准，主要有以下部件组成：

（1）货架片：货架片是整个货架系统的主支撑结构，主要由立柱和支撑构成。立柱采用卷板轧制，轧制后具有复杂的多个折面，使立柱拥有更强的刚性和强度。柱孔为自锁式，插接牢靠，可以避免脱落及堆垛工具误操作带来的危险。表面采用热固性环氧树脂（粉状）静电喷涂。

（2）支撑横梁：支撑横梁是直接承载电能计量资产重量的梁，通过支撑横梁可将电能计量资产重量传递到货架片上。支撑横梁通过挂片同立柱相联接，挂片挂销采用承载性好的鹰爪销。支撑横梁同立柱联接后，在每个挂片上配置螺栓，以保证系统安全。支撑横梁表面采用喷塑处理。

（3）轨道：子通道轨道用于四向车行走及托盘存放，母轨道及换向轨道用于四向车行走。

（4）垂直拉杆装置和水平拉杆装置：垂直拉杆装置是保证货架整体稳定性的重要构件，主要由连接件和垂直拉杆组成。水平拉杆装置同垂直拉杆装置一样是保证整个货架系统稳定的装置。水平拉杆装置同垂直拉杆装置一起组成了一个牢固稳定的塔状钢结构。

（5）货架设计标准。

1）JB/T 11270—2011 立体仓库组合式钢结构货架技术条件;

2）CECS23:90 钢货架结构设计规范;

3）JB/T 9018—2011 自动化立体仓库设计规范;

4）GB 50205—2020 钢结构工程施工质量验收标准;

5）GB 50017—2017 钢结构设计标准;

6）GB 50018—2002 冷弯薄壁型钢结构技术规范。

（五）操作方式

子母仓储库货架是一种高效的物资存储和检索系统,它的操作步骤主要有以下几步。

（1）入库操作:先准备要入库的,确保电能计量资产上标有明显的条码或标签。使用输送子母设备将电能计量设备放置在指定的入库区域。管理人员利用仓储管理系统以录入设备的信息,包括位置、数量和其他相关属性。

（2）设备定位:在库存管理系统中查询电能计量资产的位置或属性。根据系统提供的信息,在仓库中查找相应的电能计量资产。如果该设备位于子母仓储库货架中,根据系统的指示,找到对应的子母货架。

（3）检索操作:使用搬运设备,根据电能计量资产的位置信息,找到存放电能计量资产的货架。将货架放置在合适的工作区域,以便进行电能计量资产的拣选和包装。

（4）出库操作:根据仓储管理系统的信息,确定要出库的电能计量资产。在库存管理系统中标记资产为出库状态,并更新库存数量。使用搬运设备将子货架放回母货架中,或将母货架放回指定的位置。

注意,子母仓储库货架操作方式可能会有所不同,具体操作流程应根据所使用的特定系统和设备进行调整和适应。

（六）注意事项

合理有效的设备、货位管理方式,不仅能够减少作业的时间而且节省设备能量的消耗,进而节约了企业的经济成本。电能计量资产的存储位置应该考虑设备存储策略和货位分配原则这两个因素,同时也应该根据公司产品的实际情况合理的考虑这两个因素,只有这样才能提高公司仓储系统整体的效率。电能计量资产存储策略简单来说就是怎么把产品存储起来更加方便。不同的产品自身的属性不同,存储的方式也不一样。几种常用的货位存储策略对比见表4-2。

表 4-2 货位存储策略对比

存储方式	概念	优点	缺点
定位存储	定位存储是指电能计量资产被分配了特定的位置,位置不可以随意变更、不可互用,该位置只能存放同类电能计量资产,哪怕是空闲出多的位置,也不能存放其余的资产	每种电能计量资产被安排到特定位置方便仓管人员管理;存放可以根据电能计量资产的周转率,减少出入库的时间,提高作业效率	电能计量资产是指定的位置物存放,需要较大的存储空间,且电能计量资产的空间利用率比较低

续

存储方式	概念	优点	缺点
分类存储	分类存储是将电能计量资产按照自身的属性进行分类，然后每类电能计量资产都有自己固定的位置	可以根据电能计量资产的质量、相关性、产品特性分类，方便存取出库频率较高的电能计量资产	电能计量资产进行分类时，工作量比较大
随机存储	电能计量资产的位置在仓储系统中随机产生的，不属于特定的位置，需要经常改动，设备可以被存放在仓库中任何空闲的位置	电能计量资产可以随机摆放，可以提高了仓库的利用率	周转率比较高的货物被安排到离出库口比较远的位置，提高了作业的时间；相互影响的电能计量资产放在一起可能影响设备的质量
分类随机存储	分类随机存储是指电能计量资产分类后，分配到固定的区域类，在这个区域类电能计量资产是随机摆放的	提高仓储系统利用率	电能计量资产的出库及盘点工作带来困难
共享存储	不同的电能计量资产可以共用同一个存储位置	提高仓储系统的利用率	交叉作业多协调管理难度大

智能仓储货架广泛应用于各个行业的仓储和物流领域，不仅在电气工业设备中得到广泛应用，还适用于电商物流、快递配送、食品饮料、医药生物、电子电器等行业。无论是大型的仓库还是小型的仓库，智能货架都能够提供合适的解决方案。随着仓储行业的发展和技术的进步，智能仓储库货架将会继续向着智能化、自动化方向发展。未来，它可能会融合更多的技术，如人工智能、大数据分析等，实现更加智能、高效的仓储解决方案。

三、子母穿梭车

（一）简介

随着物流行业的高速发展和自动化技术的不断进步，智能子母穿梭车作为一种先进的物流装备，已经在仓储和物流领域取得了广泛的应用。它以其高效、智能的特点，为物流行业带来了革命性的变革。本部分介绍智能子母穿梭车的分类、特点、结构、工作方法以及使用注意事项，以便了解这一引领未来物流发展的智能装备。

子母穿梭车由穿梭车（The Shuttle）和卫星小车（The Satellite）两部分组成，穿梭车即母车，卫星小车围绕着母车进行工作，即子车，通过 WMS 和 WCS 软件管理和调度，如图 4-4 所示。

母车是应用于子母车密集仓储系统的重要横向运动设备，用于接驳穿梭板车切换巷道使用，也用于将计量设备托盘运送到出入库口输送机上，可以实现先进先出（FIFO）和先进后出（FILO）。定位方式采用条码定位，定位精度高。

图 4-4　智能子母穿梭车

合理地应用子母穿梭车具有以下意义。

（1）合理配置穿梭子车的数量，降低密集仓储系统的成本。随着企业发展的需要，在进行仓储系统规划时，越来越多的企业倾向于选择具有存储量大、高度自动化的密集仓储方式，而子母式穿梭车作为实现密集存储的一种新兴的、发展潜力大的解决出入库问题的设备之一，必然会得到市场的青睐，但是由于穿梭子母车在密集存储中缺乏合理的配置，使得设备尤其是穿梭母车在作业过程中由于等待子车作业产生间接性闲置状态，导致设备整体利用率不高等问题，从业人员试图通过从穿梭子母车中子车的数量方面进行考虑，实现对这种基于穿梭子母车的密集仓储系统中子车数量的合理配置，从而提高设备的使用率及出入库的效率，减少不必要的设备投入，能够很大程度上为企业节省成本，有助于提高企业在行业中的竞争力。

（2）提高密集仓储系统作业效率，改善服务水平。基于子母穿梭车的仓储系统与其他形式的密集仓储系统相比具有灵活性高、密集程度高等优势，而且更适合高密度存储的立体仓库：电能计量资产放置越密集，拣选效率越高，在子母式穿梭车系统中进行合理数量的子车配置，能够实现企业成本节约的同时，提高设备使用率，降低设备调度难度，从而提高密集仓储系统的作业效率，减少单元计量装置在仓库内出入库的时间，有效节约订单的处理时间，能够更好地服务于客户，提高客户的满意度。

（3）对我国穿梭子母车及密集仓储产业发展具有促进作用。智能子母仓穿梭机的资源配置的研究及应用可提高密集仓储系统内子车及母车等设备的使用率，改善系统的工作效率，同时一定程度上能够降低密集仓储系统的设备投入成本，从而促进这种仓储系统在市场上的推广与应用，促进穿梭子母车的自主创新和可持续协调发展，拉动相关行业需求，带动相关领域内企业的技术创新与进步。

（二）分类

智能子母穿梭车根据不同的应用场景和功能可以分为多个不同的类别。

（1）单向穿梭车：单向穿梭车主要用于单向的电能计量资产搬运，通常在固定的轨道上来回运输电能计量资产。这种穿梭车适用于相对简单的仓储操作，具有较高的运输效率。

（2）双向穿梭车：双向穿梭车可以在两个方向上运输电能计量资产，具有更大的灵活性。它适用于复杂的仓储环境，能够更好地满足不同仓库布局的需求。

（3）多层穿梭车：多层穿梭车可以在垂直方向上运输电能计量资产，适用于空间有限的仓库，能够充分利用垂直空间，提高存储密度。

（4）自动导引穿梭车：自动导引穿梭车配备了自主导航系统，可以根据预设的路径和规则自动搬运电能计量资产，无需人工操作。它具有更高的自动化程度，适用于大规模的自动化仓库。

（三）特点

智能子母穿梭车具有许多独特的特点，使其在物流领域中备受瞩目。

（1）搬运效率高：智能子母穿梭车能够在短时间内完成大量电能计量资产的搬运工作，大大提高了物流仓储的效率。

（2）移动精准性高：通过精确的导航系统和传感器，智能子母穿梭车可以准确地按照预定路径运行，确保电能计量资产的安全和准确性。

（3）自动化程度高：智能子母穿梭车具备一定程度的自主性，可以自动执行任务，减少人工干预，降低了人力成本和错误率。

（4）灵活适应性强：不同类型的智能子母穿梭车可以适应不同的仓库环境和操作需求，具有较强的适应性和灵活性。

（5）节省空间：多层穿梭车能够充分利用垂直空间，节省仓库面积，提高仓储密度，降低了运营成本。

（四）结构

智能子母穿梭车的结构一般包括以下部分。

（1）车体：车体是穿梭车的主体部分，承载着电能计量资产并在仓库内移动。车体通常具备轮轴、驱动系统和导航系统等。

（2）控制系统：控制系统是智能子母穿梭车的大脑，负责指导车辆的运行、执行任务，并与仓库管理系统进行通信。

（3）动力系统：动力系统为穿梭车提供动力，通常采用电池、电机和传动装置，以实现平稳的运行和高效的搬运能力。

（4）导引系统：导引系统利用激光、磁导航或视觉识别等技术，引导穿梭车在仓库内精确地移动，以执行任务。

（5）轨道系统：轨道系统是穿梭车运行的轨道，可以是地面轨道或者是悬挂在仓库顶部的轨道。

（五）操作方式

智能子母穿梭车的工作方法主要包括以下几个步骤。

（1）任务下达：仓库管理系统根据需求下达任务给智能穿梭车，包括电能计量资产的提取、存储、移动等。

（2）导航定位：穿梭车根据导引系统的指引，精确定位并规划最佳路径，以达到目标位置。

（3）电能计量资产搬运：穿梭车到达目标位置后，进行电能计量资产的提取或存储操作。在这一过程中，传感器可以确保电能计量资产的安全搬运。

（4）任务完成：完成任务后，穿梭车将向仓库管理系统汇报任务完成情况，等待下一次任务的下达。

（六）运行原理

1. 导航和路径规划

智能子母穿梭车通过内置的导航系统或传感技术（如激光、磁导航、视觉识别等）来感知周围环境，并确定最佳的运动路径。导航系统使穿梭车能够精确定位自己在仓库内的位置，以及确定如何到达目标位置。

2. 任务调度和控制

仓库管理系统或其他中央控制系统会下达任务给智能子母穿梭车，指示其执行特定的搬运任务，如提取电能计量资产、存储电能计量资产或将电能计量资产从一个位置移动到另一个位置。穿梭车内部的控制系统会解析任务指令，并根据导航系统提供的信息，计算最佳路径和行动策略。

3. 电能计量资产搬运

一旦穿梭车接收到任务指令并规划好路径，它会自主地在仓库内移动，遵循预定的路径并避开障碍物。穿梭车可以使用内部传感器来检测周围的障碍物，以确保安全搬运。一旦穿梭车到达目标位置，它会进行电能计量资产的提取或存储操作。

4. 数据通信与同步

智能子母穿梭车通常与仓库管理系统或其他设备进行数据通信，以获取任务指令、上传任务完成情况以及接收新的任务。母车是与巷道末端的 AP 基站进行信息交互，接收系统任务，而子车是通过与母车上的基站进行通信接收具体任务，实现整体系统的正常通信。这种实时的数据通信确保了仓库操作的高效性和准确性。

5. 充电和维护

智能子母穿梭车通常使用电池作为动力源。供电方式，母车的供电来源为轨道上的滑触线，子车的供电来源为母车，子车自身采用 48V 电池供电，当每次子车完成任务回到母车时，会有自动的供电系统给子车进行充电，以确保它始终处于良好工作状态。此外，定期的维护和检修也是保证穿梭车长期稳定运行的重要步骤。

四、穿梭车换层提升机

（一）简介

穿梭车提升机作为智能子母仓储库的核心设备，是根据子母穿梭车在换层使用时的特殊性而研制的专机设备，相对于常规往复式提升机的区别在于，提升机轿厢内的导轨采用母车轨道形式，且无动力输入，需要安装滑触线，保证子母穿梭车从货架区域转换至提升机区域的持续供电，有稳定的动力来源，才能使子母穿梭车自主完成驶入、驶出和停准等动作。

通过多维度运动、智能导航和集中控制，为现代物流仓储带来了高效性、便捷性和可持续性。随着科技的不断演进，它将继续在物流行业中扮演着关键的角色，推动物流管理不断迈向更高水平。

（二）分类

穿梭车提升机将传统的仓储搬运方式推向了新的高度。它集成了穿梭车和垂直提升机的功能，实现了水平和垂直运动的无缝结合。

1. 多维度运动

穿梭车提升机不仅能在水平方向上快速移动，穿越货架间的通道，还能在垂直方向上实现电能计量资产的升降，使得多层仓库的电能计量资产管理变得更加便捷高效。

2. 智能导航

通过内置的导航系统和传感技术，穿梭车提升机能够自主感知仓库环境，规划最佳路径，避免碰撞障碍物，从而在繁忙的仓储环境中保证电能计量资产搬运的安全和精确。

3. 集中控制

穿梭车提升机与仓库管理系统紧密集成，通过中央控制系统下达任务指令，实现自动化的电能计量资产提取、存储、搬运等操作，从而降低人工操作的风险和成本。

（三）特点

穿梭车提升机在智能仓储库中拥有诸多优势，使其得以广泛应用。

（1）提高效率：通过自动化操作，穿梭车提升机能够实现高速、高效的电能计量资产搬运，大大缩短物流周期，提高仓库作业效率。

（2）节省空间：利用垂直空间，穿梭车提升机能够在有限的仓库空间内储存更多电能计量资产，优化仓储布局，提升仓储容量。

（3）降低成本：减少人工干预，降低人工成本和操作风险，使仓储管理更加经济高效。

（4）多样化应用：适用于各种类型的仓库，如电商、制造业、医药等，满足不同行业的仓储需求。

（四）结构

（1）支撑结构。提升机结构包括支架、柱子、导轨等，用于支撑提升机和连接不同层的平台。

（2）升降装置。提升机升降装置由电机、齿轮、传动链条等组成，用于实现电能计量资产的垂直升降。

（3）安全装置。提升机配备多重安全装置，如紧急停止按钮、限位开关、防坠落装置等，以确保在操作过程中的安全性。

（4）控制装置。中央控制器控制系统是穿梭车提升机的大脑，负责接收任务指令、规划路径、协调运动，实现自动化操作。提升机配备各种传感器，如激光传感器、红外线传感器、编码器等，用于感知环境、检测障碍物、定位位置等。

（5）动力装置。穿梭车提升机通常使用电力作为动力源，电池用于提供电力以供升降。元件包括电机、驱动器、控制器、继电器等，用于控制提升机的运动和操作。

（6）人机界面。穿梭车提升机通常配备操作面板或触摸屏，供操作人员监控和控制设备的运行状态、指定任务等。

（五）操作方式

穿梭车提升机是子母仓储库中的一种关键设备，用于将电能计量资产从入库区域运送到储存位置，并从储存位置运送到出库区域。下面是穿梭车提升机的基本操作方式。

（1）电能计量资产装载：操作员将待存放的电能计量资产放置在穿梭车提升机的工作台或装载平台上。通常情况下，操作员会使用叉车或其他设备将电能计量资产转移到穿梭车上。也有一些穿梭车提升机配备有自动装载系统，可以直接通过输送设备将电能计量资产转移到穿梭车上。

（2）电能计量资产存储：根据仓库管理系统的指令，穿梭车提升机将装载的电能计量资产移动到指定的储存位置。穿梭车具备自主移动的能力，它会沿着设定的路径，穿过货架系统的巷道，在合适的位置停下。

（3）电能计量资产检索：当需要从仓库中取出电能计量资产时，仓库管理系统会指示穿梭车提升机前往指定的储存位置。穿梭车将移动到指定位置并将电能计量资产取出，然后将其运送到出库区域。

（4）轨道切换：穿梭车提升机在储存过程中可能需要切换行进的轨道，以便到达正确的货架位置。操作员或者自动化控制系统可以通过命令穿梭车在水平和垂直方向上移动，使其能够穿越不同的巷道、层级和存储区域。

（5）安全操作：穿梭车提升机操作时需要注意安全，例如避免与其他穿梭车或人员发生碰撞，遵守每个区域的速度限制和标志指示。此外，穿梭车提升机通常配备有传感器和安全装置，用于监测并避免潜在的危险情况。

（六）注意事项

在使用穿梭车提升机时，需要注意以下几个重要的事项。

（1）操作培训：在操作穿梭车提升机之前，确保操作员接受了充分的培训并理解相关的操作流程和安全规程。操作员应具备足够的经验和技能，能够安全地操控穿梭车提升机，避免意外事故的发生。

（2）遵守负载限制：穿梭车提升机通常有负载限制，即其能够安全运输和举升的最大重量。务必在操作过程中严格遵守这一限制，不要超载运输电能计量资产，以确保设备的稳定性和安全性。

（3）维护和检查：定期进行穿梭车提升机的维护和检查是必要的，以确保设备的正常运行和安全性能。定期检查轨道、传感器、安全装置和机械部件是否正常运作，同时保持穿梭车提升机的清洁和润滑。

（4）碰撞规避：穿梭车提升机在操作过程中要避免与其他穿梭车或人员发生碰撞。控制好行驶速度，注意观察行进路径。

（5）安全装置：穿梭车提升机通常配备有安全装置，如防撞传感器和紧急停止按钮。务必保持这些安全装置的完好和有效，随时准备应对紧急情况，例如发现障碍物或出现故障时能够及时停机。

（6）环境控制：根据穿梭车提升机的设计限制，避免在温度和湿度超出允许范围的环境中操作。极端的温度和湿度可能影响设备的性能和寿命，甚至导致故障或安全隐患。

（7）定期培训和改进：随着技术的不断发展和仓储需求的变化，定期进行培训和学习，了解最新的操作技巧和安全要求，并根据实际情况进行设备的改进和升级。

五、输送设备系统

（一）简介

随着物流技术的飞速发展，智能子母仓储库作为现代仓储管理的重要组成部分，日益成为实现高效、精确电能计量资产搬运的核心。在这个高度自动化的环境中，库端站台设备和外设输送系统充当着关键角色，为仓库操作提供了精密协同。

（二）分类

1. 库端站台设备

库端站台设备是智能子母仓储库中不可或缺的设施，其主要任务是与外部交通系统、运输工具以及内部电能计量资产流动无缝对接，以实现电能计量资产的高效装卸。

（1）电能计量资产装卸：库端站台设备通过各种装卸装置，如升降平台、伸缩式滑道等，实现电能计量资产与运输工具之间的顺畅对接，从而快速完成装卸操作。

（2）安全性与稳定性：这些设备通常配备了多重安全装置，如防坠落装置、防夹手装置等，保障操作人员和电能计量资产的安全。同时，稳定的设计确保了装卸过程的平稳进行。

（3）多功能性：库端站台设备通常具有多种功能，可以适应不同类型的运输工具，从货车到集装箱，实现灵活的电能计量资产装卸。

2. 外设输送系统

外设输送系统在智能子母仓储库中扮演着重要的角色，它们负责将电能计量资产从外部运输工具送入仓库，并在内部各个环节中高效传送电能计量资产，实现仓库内部物流的无缝衔接。

（1）传送带系统：外设传送带系统用于将电能计量资产从外部运输工具输送至库端站台，实现外部和内部的衔接。在仓库内部，传送带系统还可以用于电能计量资产的内部流转，提高操作效率。

（2）滚筒输送系统：这种系统适用于输送小件电能计量资产，如包裹、箱子等，通过滚筒的运动，将电能计量资产送入仓库内部进行后续处理。

（3）自动引导车（AGV）：AGV是一种智能移动机器人，能够在仓库内部自主导航，完成电能计量资产的搬运和运输，进一步提高仓库操作的自动化水平。

（4）机械手臂：机械手臂可用于从运输工具中卸下电能计量资产，或将电能计量资产送入库内，实现高度精确的搬运操作。

（三）特点

智能子母仓储库中库端站台设备和外设输送系统的精密协同带来了多方面的效益。

（1）提高效率：库端站台设备和外设输送系统紧密结合，实现电能计量资产在内外部的高效流动，减少了电能计量资产装卸和传送的时间成本。

（2）降低人工干预：自动化的库端站台设备和外设输送系统减少了人工的介入，降低了操作风险，并减少了人工成本。

（3）优化空间利用：通过精确的电能计量资产搬运和传送，库内空间得到最优化利用，提高了仓库的电能计量资产存储能力。

（四）结构

智能子母仓储库输送设备的主要结构组成如下。

（1）输送线或轨道：这是电能计量资产运输的基础，可以是水平、倾斜的或垂直的输送设备，用于将电能计量资产从一个位置运送到另一个位置。

（2）穿梭车/AGV（自动引导车）：这些是自动移动的设备，通过导航系统自动规划最佳路径，将电能计量资产从一个位置搬移到另一个位置。它们可以根据任务自动执行搬运，避开障碍物并根据预定的路径导航。

（3）升降机/提升机：用于将电能计量资产在不同层级之间运送到另一个位置，可以实现垂直运输。

（4）传感器和监控系统：用于监测电能计量资产的位置、状态以及设备运行情况，以确保安全运行并收集操作数据。

（5）控制系统：包括计算机程序和算法，用于自动执行任务、路径规划、设备控制等功能。

（五）操作方式

智能子母仓储库输送设备的操作方式可以分为以下几种。

（1）自动化操作：系统通过导航系统自动执行任务和路径规划，实现电能计量资产的高效搬运和管理。

（2）半自动操作：在某些情况下，任务可能需要操作员的干预，例如手动调整电能计量资产位置、清理设备等，但设备的移动是自动的。

（3）人工操作：在特定情况下，操作员可能需要直接参与电能计量资产的搬运和管理。

（六）注意事项

在使用智能子母仓储库输送设备时，需要注意以下事项。

（1）安全性：确保设备运行过程中的安全性。操作人员需要受到培训，了解系统应该配备的安全装置，如紧急停止按钮、防护栏等，以及如何在紧急情况下停止设备运行。

（2）定期维护：定期对设备进行维护，包括清洁、润滑和零部件更换。这有助于确保设备的正常运行和寿命。

（3）数据管理与监控：定期监控设备的运行状态和性能，确保系统中的数据准确性，包括电能计量资产位置、数量、任务状态等。

（4）紧急处理：事先制定应急方案，培训操作人员在突发情况下如何应对，如故障或意外碰撞。

（5）合理负荷：在操作设备时，遵循设备的最大负荷限制，避免超载导致设备损坏或紧急停机。

（6）正确操作和监控：正确操作和监控设备，以避免设备损坏或安全问题。

（7）数据记录与报告：记录设备运行过程中的数据，有助于问题排查和维护，也能提供后续的分析任务和报告。

（8）定期检查传感器和监控装置：确保传感器和监控装置安装正确，能够有效感知电能计量资产和设备的运行状态。

六、智能子母仓储管理系统

（一）简介

智能子母仓储库具有多层智能仓储货架、多辆子母穿梭车、穿梭车换层提升机、输送设备系统，货位存储的每个通道具有 $0 \sim n$ 个货位，不同通道的出入逻辑也不相同，有的通道先进先出，有的通道先进后出，还有的通道可两端同时入出，且需优化计算调度穿梭子母车，在不同产品的生产入库频率和单次入库数量差异巨大，需要根据入出库情况，给不同设备分配最优的货位，调度最优的穿梭车行进路线。

（二）分类

1. WMS 仓储管理控制系统

智能子母仓储管理系统中的 WMS(Warehouse Management System)仓储管理控制系统是直接对设备进行监控的系统，主要细分为：管理系统、电气监控系统 ECS（Electrical Control System）和条形码系统。在智能子母仓储管理系统中，WMS 主要负责的是对整体系统的管理，包括设备，货位等。

WMS 系统中的计算机管理系统属于智能子母仓储管理系统的中枢大脑，主要负责智能子母仓储管理系统中的出库、入库、理货、盘货以及货位管理等。同时，计算机管理系统和其上级的企业信息化管理 ERP 系统进行数据交换，获取子母穿梭车控制调度系统发送的调度指令，分析处理指令中的信息。此外，计算机管理系统也管理下级的电气监控系统 ECS 和条形码系统。

电气监控系统 ECS 是智能子母仓储管理系统中的电气控制系统，主要对智能子母仓储管理系统中的电气设备进行管理与控制，到达保护电气设备的目的。协调系统中各设备与电气自动化同步运行，全面提高智能子母仓储管理系统的自动化水平和控制管理水平，保证智能子母仓储管理系统的安全性和可靠性，增强基于子母穿梭车的立体仓储系统在当前仓储物流中的优势和竞争力。

条形码系统智能子母仓储管理系统在计量设备入口的输送带上安装扫码器，每个计量设备在进入输送带之前会被贴上相应的条形码，当计量设备通过扫码器时，条形码系统会扫描条形码，将条形码中读到的信息传送到 WMS 管理系统。WMS 管理系统根据智能子母仓储管理系统的约定，对信息进行处理，包括计量设备目的位置、错误响应、计量设备能否同行等，因此条形码系统也包括和其他系统进行数据交换的功能。

2. 企业信息化管理 ERP 系统

ERP 在智能子母仓储管理系统中地位也很重要。ERP 是对企业所有资源进行统一管理的一个平台，主要任务是整合与管理物流、资本、数据等，是比较优秀的资源信息管理系统。与传统的 MRP 和 MRPⅡ相比，它的功能更加强大，不但适用于制造生产企业，对于一些非制造企业的资源也可以使用 ERP 进行管理。在智能子母仓储管理系统中，ERP 主要是进行智能子母仓储管理系统电气设备资源的信息化数据管理，负责对智能子母仓储管理系统中各种数据的管理与分析，得到合理的系统数据，帮助系统更好运行。

3. 智能优化调度系统

智能优化调度系统是整个智能子母仓储管理系统的中枢神经，它决定了一个智能子母仓储管理系统的效率。由于设备资源众多，合理安排优化调度成为新的市场需求。WMS 系统受限于本身对于复杂算法的支持较少，采用数据接口的方式，在其他平台上进行算法处理之后，再由 WMS 系统统一管理。优化调度包括设备资源的选择，任务的选择，以及路径的规划。优秀的调度优化系统以及仓储管理与监控信息系统相结合，大大提高了整个控制系统的执行效率。为了提升调度优化系统的效率。

智能子母仓储管理系统还包括监控管理功能，实时监控设备运行状况，输出各类运行数据和告警信息等功能。系统控制主要实现指令执行和设备驱动，同时具备人机辅助操作和报警功能。

（三）特点

（1）拣选效率高：可达 1000 件/h 的拣选效率，提高人工拣选效率。

（2）系统柔性强：通过加减多层穿梭车的数量来匹配波峰波谷出入库流量。

（3）存储密度高：空间利用率大幅提高。

（4）减轻劳动负担：货到人作业模式降低了劳动强度。

（5）提高订单执行的准确率：使用自动化系统，完成机械性作业。

（四）结构

（1）子母仓库管理模块：负责管理整个子母仓库的配置、布局、仓位管理等信息。通过该模块，可以实现对子母仓库容量的有效利用和管理。

（2）入库管理模块：负责管理计量装置的入库流程，包括计量装置的接收、验收、上架等操作。该模块可以实现对入库计量装置的追踪和记录，以及库存的实时更新。

（3）出库管理模块：负责管理计量装置的出库流程，包括订单的生成、拣货、包装、发货等操作。该模块可以实现对出库计量装置的追踪和记录，以及库存的实时更新。

（4）库存管理模块：负责对仓库库存的查询、统计和管理。通过该模块，可以实时了解仓库库存的情况，同时可以设置库存报警和预警机制，以便及时补充库存。

（5）运输管理模块：负责管理计量装置的运输过程，包括运输计划的制定、运输方式的选择、运输车辆的调度等。该模块可以实现计量装置运输的优化和监控，以便提高运输效率和降低运输成本。

（6）数据分析模块：负责对子母仓库运营数据进行统计和分析，以便提供决策支持。通过该模块，可以分析仓库的利用率、库存周转率等指标，以便进行优化和改进。

（7）系统管理模块：负责管理智能子母仓储管理系统的用户权限、系统设置等信息。通过该模块，可以实现对系统的安全和稳定地运行，确保系统的正常使用。

（五）操作方式

智能子母仓储管理系统具备两种工作方式：①在线方式，与软件管理系统进行信息交互，仓储系统进行自动化控制；②离线方式，脱离业务平台，直接由仓储系统自行进行作业监视和信息记录，并具备将信息数据上传交互软件管理系统的功能。

智能子母仓储管理系统具有断电保持功能，当系统突然停电时，能保持当前运行状态与数据，停电恢复后能继续作业。

第二节　智能子母仓储库计量业务应用

一、出入库管理

（一）穿梭子母车

智能子母仓储库出入库能力的设计，应根据实际需求合理安排，保证各区域作业的均衡和协调，满足日常生产需要。按照最优策略执行也就可以理解为在当前状态下，穿梭子母车在执行入作业时，入排的选择是按照穿梭母车由穿梭母车取放货点行驶到该排的时间与穿梭子车从该排第一列行驶到最近的空闲货位所在列的时间之和最短，而穿梭子母车在执行出库作业时，出库排的选择是按照穿梭母车由其所在位置行驶至该排的时间与穿梭子车从该排第一列行驶到最近的空闲货位所在列的时间之和最短。

货位的分配对仓储系统的效率有着至关重要的作用，合理的货位分配直接关系到电能计量资产的出入库效率、货架的稳定性、电能计量资产自身质量。货位分配考虑的基本原则有很多，主要的原则如下：

（1）出入库效率高原则。电能计量资产在出入库时，减少出入库的距离，有助于提高作业效率。考虑到电能计量资产周转率的问题，将周转率高的电能计量资产放在离出库口比较近的位置就可以提高作业的效率，同时也减少了设备运行过程中碳的排放量。

（2）货架稳定性原则。在电能计量资产分配时，电能计量资产的摆放直接影响货架整体的稳定性，货架的重心是货架稳定性的重要因素，因此电能计量资产分配应遵从上轻下重的分配原则。同时要考虑货架的承载能力，质量比较大的电能计量资产不要密集分布，要均匀分布，这样有利于提高货架整体的稳定性。

（3）基于相关性的原则。根据某些产品的需求相关性，相关性程度比较大的电能计量资产尽量安排在相邻的位置，方便电能计量资产的出库。

（4）基于先入先出的原则。在完成产品的出库时，考虑选择入库时间比较长的电能计量资产安排出入，这样防止电能计量资产因存放时间过长而损坏掉。

（5）分通道存储原则。在拥有多个子通道的密集仓库中进行电能计量资产的存放时，尽量不把电能计量资产放在同一巷道中，如果在电能计量资产的出入库过程中，由于某个通道发生堵塞等其他的情况，则会影响电能计量资产的出入库过程。因此可以选择分巷道存放电能计量资产。

（二）应用场景

子母仓储库多为用于旧表、散表或各类耗材存放，以占地 $250m^2$ 左右，高度 5m 左右的库区为例，设备以子母车，提升机配合链条线为主，以托盘为载体存放电能表，可容纳超过 5200 箱单相表规模，库房整体吞吐量：3500 箱/天（8h）。

二、电能计量器具出入库流程

（一）到货入库

软件管理系统生成入库任务→托盘条形码扫描（或者在托盘底部 RFID 扫描）数据→托盘入库线→提升机→入子母车→入托盘库。

计量设备通过传送带送入仓库，在进行入库之前，要进行计量设备的分类，依照计量设备的属性，合理安排任务的信息，然后生成需要包含计量设备信息的条形码。入库计量设备依次放在传送带上，当计量设备达到扫码区，扫码器便会扫描计量设备上的条形码，并生成计量设备的信息传送给 WMS 管理系统，WMS 管理系统按照获得的信息，比对当前货架上存在的计量设备及货位的情况，生成需要执行的任务信息写入到 ERP 系统。系统依据 WMS 获得的货位信息，通过计量设备提升机，将计量设备送到指定层。智能子母仓储管理系统实时获取任务信息以及设备状态信息，经过一定的优化算法得到最优的设备和任务的执行，返还 ERP 系统。执行任务时，WMS 在 ERP 系统中获取到调度优化控制系统返还的数据并执行。由于子车只能在巷道中运行，母车必须先去捎带子车。当接到子车，母车便带着子车到计量设备提升机口，将计量设备运送到计量设备指定巷道口。母车停在巷道口，子车带着计量设备进入巷道，将计量设备放在指定货位后，子车放回到巷道口，一个入库调度任务结束，并将作业完成信息反馈给 WMS。若设备出现故障，根据故障等级。普通的故障，等任务执行完成之后处理。如果是设备出现故障且占据轨道无法动弹，WMS 会自动屏蔽所在轨道的一切任务，保证子母穿梭车调度控制系统其他部分能正常运行。待问题解决之后，解除屏蔽。

（二）配送出库

软件管理系统下达合格表出库任务命令→子母车将托盘运送到出货口→托盘出库输送线→到达系统指定出库口站台→人工下托盘→运送至货车。

智能仓储系统在收到系统内出库请求后，根据要求将物品的信息输入 WMS，并上传到 ERP 系统。智能子母仓储管理系统根据在数据库中获取的信息，计算出最优出库方案返还到数据库。子母穿梭车将计量设备送到计量设备提升机时，向 WMS 反馈完成信息，一个出库任务完成，等待下一个任务到来。同时，WMS 将得到的信息写入 ERP 系统。同样，若设备出现故障，根据故障等级。普通的故障，等任务执行完成之后处理。如果是设备出现故障且占据轨道无法动弹，WMS 会自动屏蔽所在轨道的一切任务，保证子母穿梭车调度控制系统其他部分能正常运行。待问题解决之后，解除屏蔽。

（三）理货及盘货

1. 拆分配送后，不满托盘入库流程

托盘拆分后回流→托盘条形码扫描（或者在托盘底部 RFID 扫描）数据→托盘入库线→提升机→入子母车→入托盘库。

2. 出库空托盘回库流程

装车后返回空托盘→人工将空托盘码垛→人工叉车将托盘跺放在链条输送机上→下达入库指令→空托盘跺通过超差检测无误→入库输送线→提升机→入子母车→入托盘库。

子母穿梭车调度控制系统在空闲的时候，系统会对计量设备进行整理，提高子母穿梭车调度控制系统的利用率，这就是理货。同时，在必要情况下，需要对子母穿梭车调度控制系统中的计量设备进行盘点，这就是盘货。盘货和理货作用是对仓库的整合、归纳以及对库存的清点。WMS 系统在没有出入库指令的时候，根据计量设备的摆放位置，下达计量设备盘点指令。计量设备盘点旨在合理安排计量设备和货位，清点计量设备，更新计量设备的信息，便于计量设备的统一管理，提高子母穿梭车调度控制系统的利用率和执行效率。

智能子母仓储库根据软件管理系统下达的作业任务，完成电能表及终端的出入库、仓储、库存盘点等智能化、自动化作业之后，智能子母仓储库对电能表及终端进行存放管理，存放管理原则为充分利用库房空间，最大化满足存放需求。

智能仓储货架的存储单元采用托盘方式，每个托盘存储单元可存放 16 个纸质周转箱，采用交叉码盘的方式堆放 4 层，具体各类存储单元如下。

（1）托盘尺寸 1100mm（长）×1100mm（宽）×150mm（高），最大荷载重量：900kg。

（2）纸质周转箱外径尺寸 585mm（长）×465mm（宽）×195mm（高）。可用于存放各种状态的计量设备，存放数量宜按合格单相电能表容量 15 只/箱，三相电能表容量 5 只/箱，互感器容量 6 只/箱，单相单表位计量箱 2 只/箱，三相单表位计量箱 1 只/箱；拆回单相电能表容量 40 只/箱，三相电能表容量 8 只/箱，互感器容量 6 只/箱。各类存储单元示意图如图 4-5 所示。

电能表及终端存放管理布置科学合理、安全可靠，整体按库容最大化设计，货架可纵向扩展、灵活配置，并充分考虑消防安全建设。

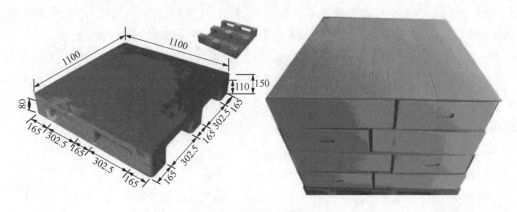

图 4-5 各类存储单元示意图（一）

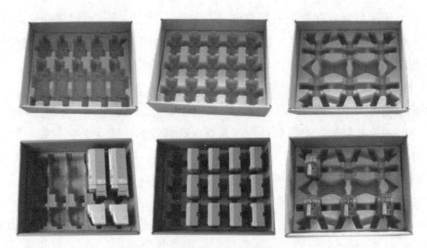

图4-5　各类存储单元示意图（二）

三、营销计量设备分类出入库

智能子母仓储库具有分类管理出入库功能,根据计量设备分类及状态选择出入库管理模式,包括合格计量设备出入库、拆回计量设备出入库等。

托盘库能与智能箱表柜集成应用,对零星箱表的出入库作业,宜通过集成接口由智能箱表柜完成出入库任务。入库作业时,扫描箱号与托盘建立绑定关系并保存至本地数据库,通过接口上传软件管理系统;出库作业时,通过RFID识别托盘信息或扫描箱条码拣选出库,更新本地数据库库存信息,并通过接口上传软件管理系统。

（一）合格计量设备

合格计量设备入库时,选择合格计量设备入库模式,扫描箱号与托盘绑定入库,同时通过接口从软件管理系统获取装箱明细和检定日期等信息,保存至本地数据库。完成入库后,将入库信息通过接口反馈至软件管理系统,由软件管理系统自动匹配入库流程完成入库。

合格表计出库时,软件管理系统通过接口发起配表请求（不指定明细）,托盘库收到请求信息,按预先设定的规则依次出库,并将出库信息反馈给软件管理系统,由软件管理系统自动完成配表出库。

（1）对不足一托盘的零星箱表配置。优先选择不满托出库,均为满托按检定/检测日期最先的托盘出库,并通过扫描箱条码完成定向配表出库（不按检定日期先后任意表计、以箱为单位配表）。

（2）对大于一托盘的表计配置。优先选择满托按检定/检测日期先后顺序依次出库,余下零星箱表配置按不足一托盘的零星箱表的规则完成配表。

（3）对零星单表的配置。通过与智能箱表柜的集成接口,完成零星表计的配表。

合格计量箱配置，软件管理系统通过接口发起计量箱配置请求（不指定明细），托盘库收到请求信息，按先进先出的规则依次出库，并将出库信息反馈给软件管理系统，由软件管理系统自动完成计量箱配置出库。

（二）拆回计量设备

拆回计量设备入库，通过扫描表计条码和箱条码完成组箱再与托盘绑定入库，并将绑定信息保存至本地数据库，上传软件管理系统自动完成拆回计量设备入库。

拆回计量设备出库，可由软件管理系统发起报废出库请求，由托盘库根据软件管理系统请求按托盘或按箱拣选出库，更新本地库存信息，并将出库信息反馈给软件管理系统，由软件管理系统自动完成拆回计量设备出库。

对临时检定、故障鉴定的表计出入库，通过与智能箱表柜的集成接口，完成表计的出入库作业。

第五章 数字化融合仓

第一节 数字化融合仓软硬件设备

基层供电所仓库作为仓储网络的末端，一直是物资管理的重点和难点环节，为解决传统供电所（班组）仓库实物遗失责任追溯难、物资"账、卡、物"不一致、效率低、无数据化智能分析的弊端，进行示范性、标准化、数字化供电所智能融合仓建设，建设后原四个仓库融合为一个仓库，一个仓内四个区域，一个工单覆盖备品备件、安全工器具、施工工器具、表计的领取，整个仓库的物资领用、入库、退库、工器具的借用与归还将实现自动工单数字化、无人化、无纸化管理，大大减轻原备品备件专职与安全工器具专职及表计专职等的工作，与省公司管理平台数字对接自动化，仓库数据变更实时更新到平台，对于物料的管控实现了智能化，自动对常用物料进行库存预警提醒，周转少的呆滞物料提醒，减少了原来每天仓管人员的几小时的录入工作，减轻负担，实现了随时随地可以一键查询，领用记录时间、人员、领用信息有据可查，采用了二维码标签与 RFID 标签及条形码标签识别技术，为将来的物资溯源提供了基础。

供电所全量资产纳入线上化管理，备品备件、安全工器具、施工工器具和计量设备等资产按专业系统要求管理并纳入数智供电所管理平台资产可视化管控，生产工器具、应急物资等线下资产纳入数智供电所管理平台管理。对人、物、库、环实行全方位智能化的管控与记录，助力全能型供电所建设，提高工作效率，减轻劳动强度，规范实物管理，提高供电所管理水平、效率效益和服务质量。

融合仓是借助各种传感器设备设施和计算机管理控制系统实现物料与工器具及表计的自动计量与出入库的系统。融合仓应具有备品备件、施工工器具、安全工器具、电能计量器具设备自动出入库、自动货位分配、自动盘点、自动定位、自动扫描识别、自动库存下限预警、自动呆滞物料管理、自动生命周期管理、自动工器具检验日期管理、自动平台对接等智能化作业与管理功能。融合仓一般由仓储设施、仓储设备和仓库管理系统组成。融合仓通过扫描识别设备读取备品备件、施工工器具、安全工器具、电能计量器具设备上条码或电子标签的信息，将规格等基础信息、工艺状态、库存地点和关联关系等内容记录到数据库中,使用仓库管理系统对信息进行管理,并根据生产计划和运行指令,按指定的存储规则和出入库规则,自动完成实物与工器具的出入库或借用归还等仓储物流动作和相应信息更新。

一、仓储设施

(一)简介

仓储设施是指用于存放、管理和保护物品、商品、原材料或其他物资的建筑或空间。这些设施在供应链和物流管理中起着重要作用,能够有效地管理库存,确保物资的安全和完整,以满足市场需求。仓储设施的选择和设计取决于所储存货物的特性、规模和管理需求,以及物流链中的位置和作用。这些设施在供应链管理中发挥着重要的作用,对于产品的流通、库存控制和客户满意度有着显著影响。有效的仓储管理可以帮助企业提高库存周转率、降低运营成本并增强客户满意度。

(二)分类

仓储设施包括仓库和其他功能区,其他功能区一般包括备品备件仓装卸区、待检区、报废区、装备区。

(1)计量仓库按照用途分为一般仓库、配送中心、临时仓库。

一般仓库:用于长期存放各种表计、表箱或者互感器。

配送中心:用于集中处理和分发各种表计、表箱或者互感器,以满足市场需求。

临时仓库:通常在特定活动、季节性需求增加或项目执行期间使用,用于暂时性的存储。

(2)备品备件仓装卸区:备品备件仓装卸区是指用于备品备件仓库内物品的装卸操作区域。备品备件仓库主要存放用于维护和修理设备的备品备件,这些备件通常包括表计、表箱、托盘、互感器。装卸区是仓库内的一个重要部分,负责将备品备件从外部运输工具(如卡车、货柜、船舶)卸下,或者将备品备件装载到运输工具上,以确保仓库和生产线之间的顺畅物资流动。

(3)待检区:待检区通常是在仓库或生产环境中划定的一个特定区域,用于存放待检验的表计、表箱、托盘、互感器。这些等在进入下一个生产阶段、销售渠道或使用前需要经过质量检验,以确保其符合预定的标准和要求。

(4)报废区:报废区是指一个专门用于存放报废物品或设备的区域。这些物品或设备因为损坏、老化、无法修复、不再使用等原因,被判定无法继续使用,需要进行适当的处理,通常包括报废、回收、销毁或其他合适的处置方式。

(5)装备区:装备区通常是指一个专门用于存放和管理各种设备、工具和器材的区域。这些设备可以包括生产设备、机械工具、电子设备、仪器仪表、办公设备等。装备区的设置和管理有助于提高工作效率、维护设备安全,以及确保生产和运营的正常进行。

（三）特点

（1）空间设计和布局：仓储设施通常被设计成能够最大程度地利用可用空间，以容纳和储存货物。合理的货架、储物单元和通道布局可以提高货物的存储密度和取货效率。

（2）货物分类和分区：仓库通常会根据货物的性质、尺寸、重量等特点进行分类和分区。有助于更好地管理和组织货物，使其容易寻找、取货和存放。

（3）货物保护：仓储设施需要提供适当的环境条件，以保护货物免受损坏、污染或腐蚀。包括温度控制、湿度控制、防尘措施等。

（4）安全性：仓库需要提供一定的安全措施，以防止货物被盗、损坏或未经授权的访问。包括监控摄像头、安全门禁系统、警报系统等。

（5）货物流动性：仓库需要具备高效的货物流动性，以确保货物能够及时进出。涉及货物的收货、分拣、存储、装卸和发货等流程的优化。

（6）技术支持：使用自动化技术，如自动堆垛机、拣选机器人等，以提高仓库操作的效率和准确性。

（7）库存管理：建立有效的库存管理系统，以追踪货物的入库、出库、库存量等信息。有助于预测库存需求，减少过剩或缺货的情况。

（8）灵活性与可扩展性：仓储设施具备灵活性，以适应不同类型和规模的货物。同时，设施的可扩展性可以在需要时进行扩建或调整，以适应业务的变化。

（9）供应链整合：仓储设施在供应链中扮演重要角色，与供应商、制造商和分销商之间的协调和整合对于有效的物流运作至关重要。

（10）环境友好：仓储设施越来越关注环境可持续性，采用节能、减排和回收等策略，以降低对环境的影响。

（四）结构

融合仓采用立体式仓库的结构方式，采用自动化技术，如自动堆垛机、机器人等，可以实现高密度的货物存储和自动化的货物取货操作。仓库结构要求是确保仓库功能完善、操作高效、安全可靠的关键因素。具体如下。

（1）建筑设计：确保仓库建筑稳固、耐用，并符合当地建筑法规和标准。

（2）布局合理：合理规划仓库内部的布局，包括货架、过道和工作区域，以最大限度地利用空间并提高货物存取效率。

（3）车辆通道：设定足够宽敞的车辆通道，方便货物和货车的进出。

（4）货物分类：设定不同的货物分类区域，便于分类存放和查找。

（5）货架结构：选择适合仓库需求的货架结构，考虑货物重量、尺寸和存放方式，确保稳固和安全。

（五）操作方式

传统的仓库采用人工操作方式，工作人员负责手动搬运、装卸、分类、存放和取货。

融合仓的操作方式具有多样化的特点，具体如下：

（1）自动化操作：自动化技术在现代仓储中得到广泛应用。自动化仓库配备自动堆垛机、机器人、自动导引车（AGV）等设备，实现货物的自动存储、检索、分拣和运输。这可以提高操作效率和准确性。

（2）半自动化操作：半自动化操作方式将人工操作与自动化设备结合起来。工作人员可以使用遥控设备或指导系统来控制自动化设备，例如控制自动堆垛机的移动和动作。

（3）RFID和条形码技术：射频识别（RFID）和条形码技术被用于跟踪和管理货物。通过扫描标签或条形码，操作人员可以更准确地识别、定位和管理货物。

（4）数据分析和优化：仓库运营越来越依赖于数据分析和优化。使用先进的软件和算法，可以分析仓库数据，预测库存需求、优化存储布局和货物流动，从而提高运营效率。

（5）分批处理：根据订单类型和优先级，仓库可以采用分批处理方式。这意味着货物可能会按照不同的订单进行分拣和发货，以提高订单处理效率。

（6）智能仓储：结合物联网（IoT）和人工智能，智能仓储系统可以实时监测和管理货物，自动调整库存水平，以适应市场需求。

（六）注意事项

1．技术要求

（1）总库存容量应设计合理且规范。备品备件库存容量需要根据每年每段时期的不同业务量需求制定每个种类合理的库存容量和库存下限数量。

（2）库存管理系统：实现自动化的库存管理，包括货物进出库的追踪、库存盘点和报告生成等功能。

（3）自动化设备：使用自动化设备，如自动堆垛机、输送带和机器人等，提高货物的装卸和分拣效率。

（4）仓库管理软件：采用专业的仓库管理软件，协助管理人员监控和优化仓库运营。

（5）物联网技术：应用物联网技术实现设备的互联互通，提高运维效率和资源利用率。

（6）温湿度监控：利用传感器监测仓库内的温度和湿度，确保货物在适宜环境下储存。

（7）安全监控系统：部署视频监控和入侵报警系统，保障仓库的安全。

（8）数据分析和预测：利用数据分析技术，预测库存需求和优化仓库布局。

（9）物品标识技术：使用条码、RFID等标识技术，实现货物的快速识别和管理。

（10）物流管理系统：与供应链中的其他环节相连接，优化物流流程，提高物流效率。

2．照明要求

（1）类别：在融合仓各个区应至少配备日常照明和应急照明。

（2）足够的亮度：照明系统应提供足够的亮度，确保员工能够清晰地看到工作区域和货物。

（3）均匀分布：照明应均匀分布在整个仓库内，避免产生明暗区域，降低事故风险。

（4）色温和色彩还原性：选择适宜的色温和色彩还原性，使员工可以准确辨认货物的颜色和属性。

（5）防尘防水：仓库环境通常比较复杂，因此照明设备应具备防尘和防水功能，以确保设备的长期可靠性。

（6）节能效果：优先选择节能的 LED 照明设备，降低能耗和运营成本。

（7）照明布局：合理规划照明设备的布局和高度，以适应仓库的货架和工作区域。

（8）环境适应性：根据仓库的不同区域和功能，选择适合的照明设备，例如在易燃易爆区域使用防爆照明设备。

3. 动力系统要求

（1）稳定供电：确保仓库内的动力系统能够稳定供电，避免频繁的停电或电力波动，以保障设备正常运行。

（2）能效优化：选择高效的能源设备和节能技术，降低能源消耗，提高能源利用效率，减少运营成本。

（3）功率需求：根据仓库规模和运作需求确定动力系统所需的功率。

（4）环保性：考虑使用环保型动力系统，降低对环境的影响。

（5）安全性：确保动力系统的安装和操作符合安全标准，降低事故风险。

（6）适应性：动力系统应适应不同的仓库布局和操作要求。

（7）维护便捷性：选择易于维护和保养的动力系统，以降低维护成本和停机时间。

4. 安全性要求

（1）火灾安全：安装火灾报警系统、灭火器、灭火器设施和自动喷水灭火系统等，定期检查和维护这些设备。

（2）防盗措施：安装安全门、监控摄像头、警报系统等，确保仓库进出口有严格的访问控制。

（3）堆垛安全：使用合适的货架和垛口设备，确保货物堆垛牢固、稳定，防止货物倒塌。

（4）电气安全：使用符合标准的电气设备，定期检查和维护电线和电气设施，防止火灾和触电事故。

（5）安全标识：在仓库内外设置明显的安全标识，包括紧急出口标识、灭火器标识、禁止标志、警示标志、安全通道标识、PPE（个人防护装备）标志、危险品标识等。

5. 环境要求

（1）温度和湿度：根据货物的特性和仓库内的操作需求，保持适宜的温度和湿度，以防止货物损坏或过早老化。

（2）通风和空气质量：确保仓库内有良好的通风系统，保持空气流通，减少污染物的积聚，给员工提供良好的工作环境。

（3）光照：提供足够的自然光或人工照明，以确保员工在仓库内能够安全和有效地工作。

（4）噪声控制：采取措施减少仓库内噪声水平，以保护员工的听力和提高工作效率。

（5）废物处理：建立合理的废物处理系统，确保废物分类、收集和处理合规，减少对环境的影响。

（6）清洁和卫生：保持仓库内部和外部的清洁和卫生，定期清理和消毒，防止细菌滋生和危害健康。

（7）安全通道：确保仓库内的通道和紧急疏散通道畅通无阻，以方便员工的流动和紧急疏散。

（8）环境监测：定期对仓库内的环境参数进行监测和评估，确保环境符合规定标准。

（9）绿色环保：鼓励使用环保型设备和技术，推动仓库的绿色环保发展。

二、仓储设备

（一）简介

仓储设备是用于储存、装卸、运输和管理货物的各种设备和工具。它们在仓库和物流领域起着关键作用，有助于提高操作效率、降低劳动强度，并确保货物的安全和准确处理。

（二）分类

仓储设备主要配置如下：

仓储设备包括智能称重货架或货柜、智能安全工器具主柜与辅柜、智能施工工器具柜或货架、智能仓储管理终端、RFID 通道门、视频监控摄像头、网络硬盘录像机、网络交换机、温湿度传感器、空调、边缘物联终端等。

（三）建设方案

仓储区域主要由基础货架模块和智能融合结算终端模块组成，具体建设方案如下：

（1）备品备件区根据仓库物料种类及使用情况配置智显货架 22 台。日常所需的备品备件物料与不常用的备品备件物料均采用智显货架进行存储，智显货架顶部配置引导多色灯，每一位带电子液晶显示屏，显示物料名称、物资编号、数量、规格型号、二维码等，每一位显示屏上面带"位"指示灯，显示屏上数量与省公司物管平台互通，融合结算终端处领料结算后货架上每一位显示屏上数量同步自动更新。

（2）施工工器具区根据仓库工器具种类及数量配置施工工器具货架 10 套。客服中心常用施工工器具主要有：绝缘电工梯、棘轮剪、卡线器、滑轮、钢锯、电钻、电锤、电动液压剪、手动液压剪、铁锹、围栏、警示牌、剪线器、榔头、合锹、脚扣、葫芦、棘轮紧线器、钢丝绳等。主要采用智能施工工器具货架，通过天线构成感知阵列，无死角识别各种 RFID 标签的施工工器具。

（3）安全工器具区根据仓库工器具种类及数量配置安全工器具柜 20 套，原有设备利旧使用。客服中心常用安全工器具主要种类有接地线、安全帽、绝缘手套靴子、令克棒、验电笔等。

（4）结算区采用智能融合结算终端 2 套。集合了人脸识别，人到设备前面自动跳出该身份信息下面的工单关联的领用物资，RFID 读写功能、二维码与条形码扫描识别功能，称重数量自动计算功能主要解决不容易贴二维码与条形码的物资，如螺栓、膨胀螺丝、铜鼻子、线材等。

（5）缓存区采用智能物资 1 主柜+3 副柜，缓存退库备品备件，待仓管员确认后方可入库。智能物资柜用于退库物资暂存，与仓库系统打通，具备提前存放应急出库物料等功能，带人脸识别，带智能锁，带灯，带工业电容触摸屏，可按照备品备件尺寸定制每格尺寸，智能物资主柜内置 15.6 寸触摸屏方便操作，各个副柜独立电子锁，与主柜联动自动开门。

（6）表计区采用整箱智能表计柜主柜 1 个、副柜 2 个、智能表计开放式货架 2 个、表计标注设备 2 个、智能终端柜 2 个，一天最大入库数量 511 只，其中 441 只（23 箱+ 96 个）单相表，70 只（10 箱+20 只）三相表，72 格互感器与采集终端存放。入库时无需人员手持扫码枪扫码，自动整箱读取。自动对接营销 2.0 二级表库数据，并核对信息正确性。出库时支持整箱出库，支持单只出库。开放式货架自动挂表，随放随挂，自动绑定货位，无须操作，大大减化人工操作，提高准确性。智能表计货架与柜子带引导功能，每个货架与柜顶带引导灯，每个表位带引导指示灯，每位带锁定装置，锁定后防止拿错领错及防盗，停电后也呈锁定状态，带手动钥匙备用打开功能。表计出库时支持先进先出原则，保证了先入的表计不积压，后入的表计不被优先使用，减少了或避免了积压时间长表计质量问题的产生，减少周转时间，同时出入库顺序的优先级可根据实际需要设置和调整。具有盘点、库位封锁、查询统计等功能，支持实时盘存实际数量与表位在仓信息功能。智能表计柜或开放式表计货架挂表、配表与摘表等表计的状态信息均能通过接口与营销系统进行信息交互。表计外壳上标注信息方便简单，简化人工核对，减少出错。

（四）注意事项

1. 称重货架

（1）货架采用独立的钢结构系统，应保证足够的强度和稳定性。

（2）货架立柱材料应采用优质冷轧钢材，保证优质的生产加工精度和良好的防锈防腐功能。

（3）货架应能承受由货物重量分布不均所造成的变形。

（4）货架应摆放整齐，环境阴凉干燥，货架标号明确，货架上备品备件摆放整齐。

（5）定位指引功能：货架指引、货位指引、多人领料不同颜色指引。

（6）报警功能：领料数量错误或物品货位拿错及超载报警，可以在显示屏上闪烁提示，并发送平台进行语音提示与引导屏上文字提示。

（7）单位计量转换功能：支持单位转换成个数与米数的计量方法，线材可以精确到0.1m，秤位计数反应快；可以实时计量物品数量，并上传。

（8）库存上下限报警和生命周期管理功能。

（9）蠕变校正功能：对温度、长时间压载、机械疲劳等产生的蠕变数据实现修正功能，物品数量自动修正，确保数量准确性。

（10）电子标签功能：显示名称、规格、物料编码、货位库存数量、单位、二维码；可远程修改显示内容。

（11）二维码功能：配合终端使用，扫描标签二维码，读取标签内容；授权终端读取后，可修改该货位上的标签信息与数量等。

（12）每层承重300kg，可以3～4层，层货位高低可以调节。

2. 托盘

对托盘实行条码管理来实现托盘数字化管理。将托盘条码分为一次性条码和永久性条码，在收货上架、拣货、装运环节中利用条码技术，将托盘、托盘条码、货品三者信息进行关联，扫描仪自动识别条码，系统将自动分配上架位、集货位，自动记录托盘上装车货品，减少不同作业人员交接工作量，提高作业效率。利用数字货架和数字托盘，结合RFID、二维码技术，实现物资的输送环节。

3. 智显货架技术要求

智显货架采用碳钢材料货架，可以保证足够的强度和稳定性；货架立柱材料采用优质冷轧钢材，保证优质的生产加工精度和良好的防锈防腐功能；货架能承受由货物重量分布不均所造成的变形；货架摆放整齐，环境阴凉干燥，货架标号明确，货架上备品备件摆放整齐。

智显货架具有以下技术要求。

（1）定位指引功能。货架指引：多人领料不同颜色指引；货位指引每一货位带高亮指示灯指引。

（2）电子标签功能。每一位带工业液晶显示屏，主要显示名称、规格、物料编码、货位库存数量、单位、二维码；可远程修改显示内容。显示屏上数量与省公司物管平台打通，融合结算终端处领料结算后货架上每一位显示屏上数量同步自动更新。主要应用于各种备品备件的摆放如螺栓、铜鼻子、铜管、小型空开、胶带、铜接头、普通螺栓、膨胀螺栓、耐张线夹、铜线、铝线、布电线各种线缆等。

4. 施工工器具货架技术要求

施工工器具货架采用碳钢材料货架,可以保证足够的强度和稳定性;货架立柱材料采用优质冷轧钢材,保证优质的生产加工精度和良好的防锈防腐功能;货架能承受由货物重量分布不均所造成的变形;主要用于各种施工工器具的摆放。

(1) 定位指引功能:货架指引、多人领料不同颜色指引。

(2) 定制挂勾型工器具货架,满足卡线器、葫芦、棘轮紧线器、钢丝绳、钢锯、工兵铲等的挂装,满足榔头、合锹、铁钎、铁锹等的斜靠摆放。

(3) 定制绝缘电工梯悬臂货架满足各种大小长度及单双层电工梯的摆放。

(4) 定制层板型工器具货架,满足电钻、电锤、电动液压剪、手动液压剪、警示带、警示牌等的摆放。

5. 安全工器具柜技术要求

安全工器具柜采用碳钢材料,可以保证足够的强度和稳定性;柜体采用优质冷轧钢材,保证优质的生产加工精度和良好的防锈防腐功能;主要用于各种安全工器具的存放。

(1) 内置温度、湿度检测。

(2) 内置温湿度控制:加热与除湿模块。

(3) 定制接地线工具柜,满足各种规格接地线的摆放。

(4) 定制绝缘靴与绝缘手套柜,满足绝缘靴与绝缘手套的摆放。

(5) 定制令克棒与绝缘杆柜,满足各种规格杆类工具的摆放。

(6) 定制层板型工具柜,满足其他各种非特殊工具的摆放。

(7) 安全工具柜立柱材料应采用优质冷轧钢材,保证优质的生产加工精度和良好的防锈防腐功能。

(8) 安全工具柜应能承受由货物重量分布不均所造成的变形。

(9) 15.6 寸/21.5 寸操作触摸屏,可以对工具借用与归还送检等提示,可以监测工具送检日期与到检时间、报废时间等,到期屏上自动提醒。

(10) 人脸、指纹、虹膜、密码、刷卡等技术识别开门。

(11) 权限识别自动识别领料单信息后可以自动弹开门方便拿取。

(12) 门开关自动检测。

(13) 具有保护功能:有超温越限报警和独立的超温断电功能,保障温度不超标。

(14) 具有通信功能,柜内温湿度信息通过通信接口传递到管理信息系统,实施数据的储存与分析。

6. 智能物资主柜技术要求

智能物资主柜采用碳钢材料,可以保证足够的强度和稳定性;柜体采用优质冷轧钢材,保证优质的生产加工精度和良好的防锈防腐功能;主要用于备品备件物资退库的进行缓存,以便于仓管员进行检查,没有问题后再退入仓库。

（1）带人脸识别，识别退库人员身份信息与退库物料绑定。

（2）内置 15.6 寸触摸屏方便操作，内置两个全频喇叭，可以进行语音提醒与播报。

（3）内置工控机含内存与硬盘，安卓或 Windows 操作系统。

（4）各个柜体格子独立电子锁，在主柜刷脸后自动开门，电子锁带关门反馈，没关门自动语音提醒。

（5）每一格带 LED 灯照明可以独立控制，关门自动关灯；格门带透明亚克力板，可以看见各个柜内情况。

（6）根据备品备件的各种尺寸大小定制每一格格体空间根据备品备件的各种尺寸大小定制每一格格体空间；500×300mm 格子不少于 3 个，500×200mm 格子不少于 4 个，300×300mm 格子不少于 6 个，300×200mm 格子不少于 4 个。

（7）内置条形码与二维码扫码设备，识别退库物料名称与型号规格。

（8）与整个仓储系统打通，仓管员刷脸后自动提醒相关退库备品备件物资信息与对应退库人员信息。

7. 智能物资副柜技术要求

智能物资副柜采用碳钢材料，可以保证足够的强度和稳定性；柜体采用优质冷轧钢材，保证优质的生产加工精度和良好的防锈防腐功能；主要用于备品备件物资退库的进行缓存，以便于仓管员进行检查，没有问题后再退入仓库。智能物资副柜是作为主柜的扩展，操作主要在主柜上，联动副柜。

（1）各个格子独立电子锁，与主柜联动自动开门，电子锁带关门反馈，没关门自动语音提醒。

（2）每一格带 LED 灯照明可以独立控制，关门自动关灯；格门带透明亚克力板，可以看见各个柜内情况。

（3）根据备品备件的各种尺寸大小定制每一格格体空间 500×300mm 格子不少于 3 个，500×200mm 格子不少于 4 个，300×300mm 格子不少于 6 个，300×200mm 格子不少于 8 个。

8. 智能融合结算终端技术要求

智能融合结算终端主要用于出口处作为出库结算设备，主要功能如下：

（1）带人脸识别自动身份认证。当领料人员推着小推车到结算终端这里时，人脸识别设备对人员进行智能识别，并自动对接工单，在触摸屏上自动跳出他所需要领用的物料名称及数量等信息。

（2）带超清图像识别设备，1600 万像素图像识别摄像头；主要用于备品备件条形码或二维码的识别，支持单个识别或批量识别。小推车到终端前时把所领备品备件物料摆到多功能结算台上，批量结算，提高结算效率。主要用于方便粘贴条形码的物资，如各种空气开关、熔断器、断路器、各种大的金具与支架、表箱、互感器等。

（3）内置触摸显示电容式，十点触摸；内置工控机，操作系统支持 Windows 或 Linux、安卓。

（4）内置 RFID 读写器与读写天线。主要用于安全工器具与施工工器具出库时的 RFID 信息标签进行无线读取，作为工器具的出库结算时使用。

（5）结算台内置重力传感器。精度 C3，万分之二，100KG 量程，主要用于结算不方便粘贴二维码或条形码或由于数量众多粘贴工作量非常大的备品备件，如螺栓、铜鼻子、铜管、垫片、保险熔丝、膨胀螺丝，以及各类线材等。

9. 智能云门禁技术要求

智能云门禁可以支持人脸、密码、刷卡与指纹及虹膜；支持最少授权 500 人权限；支持动态人脸识别，0.2s 快速识别；人脸识别距离 0.5～2m 可调；支持室外安装，防雨等级 IP65；支持网络远程人脸更新数据库；支持 24h 人脸识别，带红外补光，夜晚正常识别。

（1）云端认证：本地识别后，将结果上传到省公司平台。

（2）认证结果显示可配：支持认证成功界面的"照片""姓名""工号"信息可配置是否显示。

（3）报警功能：设备支持防拆报警、门被外力开起报警、胁迫卡和胁迫密码报警、黑名单报警等。

（4）单机使用：设备可进行本地管理，支持本地注册人脸、查询、设置、管理设备参数等。

10. 智能人员进出管理模块技术要求

智能人员进出管理模块主要是作为出入库人员进出身份认证，并根据工单情况智能判断对人员是放行还是禁止出入库，如果领料人员根据领料工单完成领料，并核对正确，则放行，反之不放行，起到仓库进与出人员管控作用。

（1）设备采用直流有刷电机加编码盘，通过自研算法有效保障设备稳定可靠运行，最少支持 300 万次无故障能行。

（2）设备集成语音模块，可根据用户需求自定义语音播报内容。

（3）设备集成门禁主控板，可扩展人脸识别组件、读卡器、二维码等多种认证方式；设备具有自动复位功能，开门后在规定的时间内未通行，系统将自动取消用户的本次通行的权限，可设定通行时间。

（4）设备支持进出方向通行状态（受控、自由通行、禁止通行）的灵活配置。

（5）设备支持记忆模式，可实现连续快速通行。

（6）设备具有消防联动接口，当消防信号触发时，门翼自动打开，快速引导人员疏散；设备支持断电通行，断电时门翼自动打开，人员可自由通行，防止恐慌。

（7）设备采用 6 对红外检测传感器，采用防尾随跟踪技术，授权人员才能通过，未经授权人员尾随闯入时会发出声光报警。

（8）设备具备防冲撞功能，在没有接收到开门信号时，门翼自动锁死，冲击力超过 50N·m 时可启动机芯保护机制，机芯锁死状态下，门翼随抱箍转动，延长机芯使用寿命。

11. 边缘物联终端技术要求

边缘物联终端嵌入式架构，支持网络、232、485 串口控制与接收，串口 6 路以上；支持环境监测设备控制与联动；支持电动卷闸门控制与电动双移门或磁吸门控制；支持备品备件智显货架、施工工器具货架、安全工器具柜配置与控制及数据汇集、协议转换、数据转发等功能。

12. 防火墙技术要求

防火墙主要作为内网与仓库内局域网网络安全隔离设备，保障用户的边界网络安全，防范"外敌"入侵，更提供内网资产风险识别功能，让用户对内网易受攻击资产进行风险提前评估和预警，双向安全，双向保障。

（1）配置 1 个 RJ45 串口，1 个 RJ45 管理口，2 个 USB 接口，4 个千兆电口，1 个接口扩展插槽。

（2）网络层吞吐量≥2Gbps，应用层吞吐量≥600M，最大并发会话数≥50 万，每秒新建会话数≥2 万。含传统防火墙、流量管理、应用管理、IPSec VPN、资产识别功能。

13. 服务器技术要求

主要用于整个仓储系统软件与数据处理运行后台，支持 24h×365d 不间断工作。

（1）1U 机架式服务器主机文件共享整机，CPU intel 至强 E-2224（存疑），3.4G，4 核心四线程，32G 内存/2×2T 硬盘。

（2）操作系统 Linux 架构。

（3）双网口，网络隔离。

14. 视频监控模块技术要求

主要作为仓库 360°无死角监控，并可以长期保存，可作为后续有争议或有异常情况时有据可查与核对。

（1）视频安防监控摄像机为 POE 超清摄像机，清晰度 200 万以上，微光夜视全彩。

（2）硬盘内容可以保存至少 3 个月以上；为每个区域配备至少两个摄像机。

15. 智能环境控制模块技术要求

（1）整个仓库的温湿度环境检测，检测设备带显示屏，485 接口与协议，温度精度 ±0.5°，湿度精度±3%RH。

（2）配置仓库内人员检测感应球，检测仓内还有没有人员，每个球机管理一块区域，当所有区域内没有人员到达一定时间如 20min 后可以联动控制关闭仓库内的灯光、触摸屏待机、引导屏待机等操作，以节约能源。

（3）配置大容量除湿机，满足 120m^2 以上仓库除湿，每小时除湿量在 120L 以上，立式安装。

（4）配置环境监测控制主机，主要是采集温湿度值，并进行联动控制除湿机、空调、灯光等设备。

（5）配置环境控制屏，主要是对环境控制进行人机交互，安卓系统，工业控制屏，可以单独控制灯光、空调、除湿机等。

（6）配置灯光控制模块，主要控制仓库内的灯光，可以分区控制，也可以全开全关，485 协议接口，每一路 250V16A，8 路灯光控制口。

16. 整箱智能表计柜技术要求

整箱智能表计柜采用碳钢材料，可以保证足够的强度和稳定性；柜体采用优质冷轧钢材，保证优质的生产加工精度和良好的防锈防腐功能；主要用于整箱表计的存放与批量挂表与配表，无需从箱子里面分散取出存放，实现整存与整取，实现高效率批量出货。表计存放柜分主柜与辅柜，辅柜是作为主柜的扩展，操作主要在主柜上，联动辅柜。

（1）尺寸：1100×640×2000mm，主柜存放表箱不少于 9 箱，辅柜每个不少于 12 箱。内置表计仓管理软件，与能源互联网营销服务系统营销系统信息交互，实现网络化管理。

（2）带人脸识别，识别领料人员身份信息与装表工单绑定，无授权人员不能进入，授权人员没有工单不能进入，只有管理人员与工单绑定人员才能进入，进入后自动推送营销 2.0 系统工单信息到操作屏。

（3）内置触摸屏方便操作，内置两个全频喇叭，可以进行语音提醒与播报。

（4）内置工控机含内存与硬盘，安卓或 Windows 操作系统。

（5）每个柜体格子独立电子锁，在主柜刷脸后自动开门，电子锁带关门反馈，没关门自动语音提醒，停电后柜门锁支持锁定，防止断电后门锁失效丢失物品；

（6）每一格带 LED 灯照明可以独立控制，关门自动关灯。

（7）内置 RFID 读写器，0～33dBm 天线增益可调，840M～960M 频率，支持 6C/6B RFID 标签，支持网络控制与 485 控制，峰值读写速度 500 张/s 以上。

（8）内置 RFID 天线与 RFID 读写器，可以读取放入格内整箱表计设备，实现整箱批量自动挂表，可以实现一键盘点每一格内实际表计等详细信息。

（9）内置手持式扫码枪，作为备用。

（10）底下带轮，方便移动，轮子可以锁定。

（11）具有箱门开关检测功能，门锁开门故障检测。具有防撬功能。具有防震动功能。

（12）领料人员与工单信息相符后，相关整箱表计柜位自动弹开门，即可领取搬出，带语音提醒。

（13）具有网络远程检测与监测及控制功能，柜内表计信息与数量、领出时间、领用人员、在哪一格远程可以查看。可以远程控制哪一个开锁。

（14）支持通过钥匙在顶上应急开任意一排柜门，防止断电后不能应急取出物品。

17. 开放式表计货架技术要求

开放式表计存放货架主要采用铝合金配套部分的钢结构系统，可以保证足够的强度和稳定性；货架立柱材料采用优质铝合金，保证优质的生产加工精度和良好的防锈防腐功能；货架能承受由货物重量分布不均所造成的变形；货架摆放整齐，环境阴凉干燥，货架标号明确，货架上表计摆放整齐。开放式表计货架具有以下功能特点：

（1）每个货架具有 10 个三相表计与 48 个单相表计存储位。

（2）定位指引功能：货架顶部有明显指引灯、每个表计货位有引导指示灯，与装表工单联动。

（3）翻盖式防尘设计，带锁定装置，防止领错拿错，防止非工单人员拿走。

（4）存储位开放式，表计放入后可以锁定，断电也能保持锁定状态，只能由管理系统根据工单与领用人员对应后才解锁；实现只能根据工单配表取表，防止取错，锁具有反馈，挂表后，表计在位时如果挂表人员忘记锁具有语音提醒。

（5）每个表计货位带有识别装置，可以采用条形码识别装置或 RFID 读写装置，实现自动挂表，无需人工手动扫码挂表及繁琐操作步骤，摆放位置支持任意摆放，随放自动绑定货位与表计身份信息，识别装置相邻表计之间不串读与误读。

（6）每个表计货位带有在位感应装置，可以任意时刻一键盘点货架上各货位储存表计实际数量与信息。

（7）积木式模块化组装，组装简单，货架尺寸：2000×360×2000mm（长×宽×高）。

18. 智能表计标注设备技术要求

配表、打印装接单、打印表计安装信息标签（标签上包括户号、用电地址、表计资产号）在领出表计的外壳上，方便装表人员直观观看每个配好的表的安装用户信息，不需要每个表计人工核对装接单核对表计号，防止后 4 位相重表计造成串户等问题，另外可以简化流程，提高效率，节约劳力。该装备手持式，方便操作。

（1）内置 RFID 读写天线与读写器，天线增益可调，840M～960M 频率，支持 232 控制，与电脑有线连接与平台数据互通。

（2）可以与能源互联网营销服务系统营销系统信息交互，把读取到的表计身份信息与平台配表信息相关联，并将信息打印在表计塑料外壳上。

（3）内置触摸屏方便操作。

（4）内置打印设备，标签采用防水、防油、防撕标签。

（5）打印内容支持：用户名、单元户号、用电地址、表计资产号及二维码等，二维码包含以上信息还可以包含表计厂家、进货时间、批次等信息，支持安装现场直接手机扫码出相关信息，实现全寿命周期管理，可追溯。

（6）操作简单。

19.　智能终端柜技术要求

采用碳钢材料，可以保证足够的强度和稳定性；柜体采用优质冷轧钢材，保证优质的生产加工精度和良好的防锈防腐功能；主要用于采集终端与互感器的存放。操作主要在主柜上，联动终端柜。

（1）尺寸：1100×400×2000mm，36个存放位，尺寸可根据互感器大小定制。

（2）每个柜体格子独立电子锁，在主柜刷脸后自动开门，电子锁带关门反馈，没关门自动语音提醒，停电后柜门锁支持锁定，防止断电后门锁失效丢失物品。

（3）每一格带LED灯照明可以独立控制，关门自动关灯。

（4）内置RFID读写器，0～33dBm天线增益可调，840～960M频率，支持6C/6B RFID标签，支持网络控制与485控制，峰值读写速度500张/s以上。

（5）内置RFID天线与RFID读写器，可以读取放入格内采集终端与互感器，实现采集终端与互感器自动记录，可以实现一键盘点每一格内实际采集终端与互感器等详细信。

（6）底下带轮，方便移动，轮子可以锁定。

（7）具有箱门开关检测功能，门锁开门故障检测。具有防撬功能。具有防震动功能。

（8）领料人员与工单信息相符后，相关采集终端与互感器柜位自动弹开门，即可领取搬出，带语音提醒。

（9）具有网络远程检测与监测及控制功能，柜内互感器、采集终端、表箱等信息与数量、领出时间、领用人员、在哪一格远程可以查看。可以远程控制哪一个开锁。

（10）支持通过钥匙在顶上应急开任意一排柜门，防止断电后不能应急取出物品。

三、融合仓管理系统

（一）系统概况

为了推进数智化供电所智能融合仓建设，打通工单与仓储管理，实现业务联动一体化，实物资源合理高效调配、提高实物规范化管理水平，通过以数供平台为基础，建设数智化仓储管理系统，通过配置与仓储区域设备相配套的仓储管理设备，建成供需联动、精准备库、智能存储、数字化管理的仓储体系。

（二）系统设备组成

智化仓储管理系统主要由核心机柜模块、人员进出管理模块、环境控制模块和视频监控模块组成，在供电所配置服务器1台、防火墙1套、边缘物联终端2套、RFID通道1套、货架供电电源2个、POE交换机1台、机柜1个、嵌入式配电箱1个、显示器1台、音箱4只、功放1台、双层小推车3个、标签打印机1台、含除湿机2台、温湿度环境控制主机1个、环境控制屏1个、温湿度环境监测仪2套、智能灯光控制模块1套、智能人体感应球9套、含人员通道管理左机1台、人员通道管理中机1台、

人员通道管理右机 1 台、智能云门禁 3 套、明眸配件 3 个、千兆工业交换机 2 台、含
网络摄像机 12 台、硬盘录像机 1 台、监控机硬盘 3 个、整箱智能表计柜主柜 1 个副柜
2 个、智能表计开放式货架 2 个、表计标注设备 2 个、智能终端柜 2 个等设备，实现
仓储数据的实时准确计量、人脸识别进出、出库入库自助操作、仓内环境实时监测等
功能，增加数据节点之间的联系，实现对工单、人员、库存、物资出入、工器具、表
记领用情况的实时透明管控，不断提升库房智能化的整体能力，帮助供电所简化仓库
人员的操作步骤，以降低仓储实操的失误率，提高作业效率。仓储管理系统架构如
图 5-1 所示。

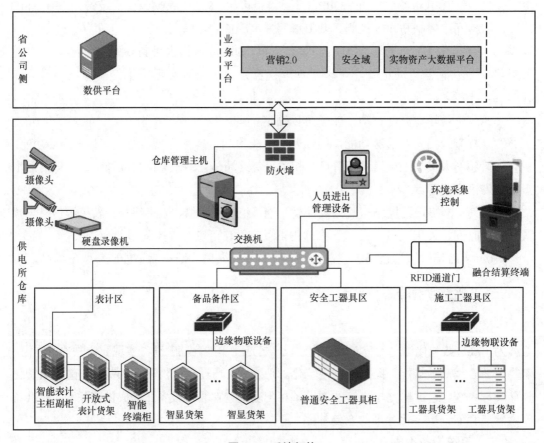

图 5-1 系统架构

　　仓储管理系统通过设置在机房机柜中的服务器主机对接省公司数智化供电所管理平
台（中间设置防火墙），通过数据聚合、分析、统计进行集中可视化展示，实现数据自动
抓取、流程自动管理、工单自动提交、问题实时告警等特色功能，从而提升供电所仓储智
能化管理水平。

第二节　数字化融合仓计量业务应用

一、物料盘点

数字化融合仓作为一种新型的智能化存储仓系统，利用传感器以及计算机管理实现快速高效的仓储存储。根据相关规定要求，融合仓管理模式可以实现备品备件、施工工器具、安全工器具、电能计量器具的智能化仓储管理。通过此模式不仅可以提高工作效率、减轻劳动强度，还可以节省仓储库房场地，提升计量资产管理水平。

以大数据、云计算、物联网与人工智能技术为依托，通过人脸识别智能云门禁、物料智能计数、货架/柜智能立体指示、智能引导屏应用、全方位 360 智能监控、人工智能语音领错提醒服务、智能环境监测、智能网络操作服务等应用，实现智能融合仓 24 小时无人值守、人员无纸化出入仓领实物、资产可视化、自助领退料、领错自动语音或信息屏提醒、快速盘点及导出数据等功能。

融合仓区域划分为备品备件区、施工工器具区、安全工器具区、结算区、缓存区等区域，并配置与之配套的仓储设备。主要的设备可以分成以下几种模块：基础货架模块（含智显货架 10 台，智能物资主柜 1 台，智能物资副柜 1 台，施工工器具货架 4 套，安全工器具 10 台）；智能融合结算终端模块（含智能融合结算终端 1 台）；核心机柜模块（含服务器 1 台，防火墙 1 套，边缘物联终端 1 套，RFID 通道 1 套，货架供电电源 2 个，温/湿度环境监测仪 1 套，POE 交换机 1 台，机柜 1 个，嵌入式配电箱 1 个，显示器 1 台，双层小推车 2 个，标签打印机 1 台）；人员进出管理模块（含人员通道管理左机 1 台，人员通道管理中机 1 台，人员通道管理右机 1 台，智能云门禁 2 套，明眸配件 2 个，千兆工业交换机 2 台）；视频监控模块（含网络摄像机 6 台，硬盘录像机 1 台，监控机硬盘 2 个）；表计管理模块（含整箱智能表计柜主柜 1 个、副柜 1 个，智能表计开放式货架 1 个，表计标注设备 1 个）。具体各个区域的相关配件见表 5-1。

表 5-1　　　　　　　　　　相关配件表

序号	模块名称	设备名称	规格型号	数量	单位
1	基础货架模块	智显货架	2000×600×2000（mm）每一个货位电子标签功能，显示屏 2.8 寸，显示物料名称、编号、数量等，数量与终端及平台数据联动，带引导灯与工单联动指引，物品上贴二维码	22	台
2		智能物资主柜	1200×400×2000（mm）带人脸识别，15.6 寸操作显示屏，内置工控机，操作系统安卓或 Windows，500×300mm 格子不少于 3 个，500×200mm 格子不少于 4 个，300×300mm 格子不少于 6 个，300×200mm 格子不少于 4 个，每格带电子锁带关门反馈，冷轧钢，钣金厚度不少于 1.2mm	1	台
3		智能物资副柜	1200×400×2000（mm），500×300mm 格子不少于 3 个，500×200mm 格子不少于 4 个，300×300mm 格子不少于 6 个，300×200mm 格子不少于 8 个，每格带电子锁带关门反馈，冷轧钢，钣金厚度不少于 1.2mm	3	台

101

续

序号	模块名称	设备名称	规格型号	数量	单位
4	基础货架模块	施工工器具货架	2000×600×2000（mm）冷轧钢，横梁厚度不小于 1.5mm，承重每层不少于 400kg，加装引导灯与货架主控模块，带指引功能，每件工具进行 RFID 标签粘贴与绑定，数字号粘贴，放置区域数字号粘贴与划分等	10	套
5		安全工器具柜	1000×450×2000（mm）柜内带温湿度检测与显示，柜内带温湿度自动监测与控制，按工具形状大小定制卡位工具柜，所有工器具贴 RFID 标签，并进行绑定，工具柜贴标识等	20	台
6	智能融合结算终端模块	智能融合结算终端	智能融合结算终端，32 寸电容屏，内置工控机，安卓或 Windows 操作系统，带人脸识别，自动与平台对接工单并自动推送，带自动结算，带工业三防控制屏，带重力感应，带轮子，自动计算数量，带 RFID 快速读写，1600 万像素摄像头，带二维码与条形码自动识别，可以一次性识别多个，可以对线材进行自动计量长度，对其他物资也可以自动计量数量	2	台
7	核心机柜模块	服务器	（1）1U 机架式服务器主机文件共享整机，CPU intel 至强 E-2224 3.4G，4 核心四线程，32G 内存/2×2T 硬盘。 （2）操作系统 LINUX 架构。 （3）双网口，网络隔离	1	台
8		防火墙	网络安全隔离，配置 1 个 RJ45 串口，1 个 RJ45 管理口，2 个 USB 接口，4 个千兆电口，1 个接口扩展插槽；网络层吞吐量≥2Gbps，应用层吞吐量≥600M，最大并发会话数≥50 万，每秒新建会话数≥2 万。含传统防火墙、流量管理、应用管理、IPSec VPN、资产识别功能	1	套
9		边缘物联终端	嵌入式架构，支持网络、232、485 串口控制与接收，串口 6 路以上；支持环境监测设备控制与联动；支持电动卷闸门控制与电动双移门或磁吸门控制；支持备品备件智显货架、施工工器具货架、安全工器具柜配置与控制及数据汇集、协议转换、数据转发等功能	2	套
10		RFID 通道	1800×600×150（mm）内置 4 通道读写器，内置 4 天线，带声光报警，带电源指示灯带，支持人员进与出检测，RJ45 网络通信，支持 0-33dbm 天线增益调节，支持 500 张/秒峰值 RFID 标签读写，支持 6C/6B RFID 标签读写	1	套
11		货架供电电源	24V 500W 工业电源	2	个
12		POE 交换机	Web 网管企业级网络交换机，POE 供电，端口不少于 48 口	1	台
13		机柜	42U/600mm×800mm×2000mm	1	个
14		嵌入式配电箱	含漏电保护空气开关，机柜空气开关、空调空气开关等	1	个
15		显示器	19 英寸，带 VGA，1080P	1	台
16		音箱	专业音箱，4~8Ω	4	只
17		功放	专业功放，卡龙输入，2000W 功率	1	台
18		双层小推车	钣金与塑料，带护栏，300kg 承重，尺寸：910×600mm	3	个
19		标签打印机	USB 接口，可连接电脑打印，连续打印，标签防水，超薄	1	台

续

序号	模块名称	设备名称	规格型号	数量	单位
20	人员进出管理模块	人员通道管理左机	（1）设备采用直流有刷电机加编码盘，通过自研算法有效保障设备稳定可靠运行，最少支持 300 万次无故障运行；	1	台
21		人员通道管理中机	（2）设备集成语音模块，可根据用户需求自定义语音播报内容；	1	台
22		人员通道管理右机	（3）设备集成门禁主控板，可扩展人脸识别组件、读卡器、二维码等多种认证方式； （4）设备具有自动复位功能，开门后在规定的时间内未通行，系统将自动取消用户的本次通行的权限，可设定通行时间； （5）设备支持进出方向通行状态（受控、自由通行、禁止通行）的灵活配置； （6）设备采用 6 对红外检测传感器，采用防尾随跟踪技术，授权人员才能通过，未经授权人员尾随闯入时会发出声光报警； （7）设备具备防冲撞功能，在没有接收到开门信号时，门翼自动锁死，冲击力超过 50Nm 时可启动机芯保护机制，机芯锁死状态下，门翼随抱箍转动，延长机芯使用寿命	1	台
23		智能云门禁	（1）智能云门禁可以支持人脸、密码、刷卡与指纹； （2）支持最少授权 500 人权限； （3）支持动态人脸识别，0.2s 快速识别； （4）人脸识别距离 0.5～2m 可调； （5）支持室外安装，防雨等级 IP65； （6）支持网络远程人脸更新数据库； （7）支持 24h 人脸识别，带红外补光，夜晚正常识别； （8）云端认证：本地识别后，将结果上传到省公司平台； （9）认证结果显示可配：支持认证成功界面的"照片""姓名""工号"信息可配置是否显示	3	套
24		明眸配件	塑料或钣金	3	个
25		千兆工业交换机	工业级，千兆交换机	2	台
26	环境控制模块	除湿机	大容量 150L 除湿，支持 485 或 232 或网络控制	2	台
27		温湿度环境控制主机	嵌入式温湿度、灯光、空调等环境控制输入输出自动控制主机	1	个
28		环境控制屏	工业环境自动控制操作屏，安卓操作系统	1	个
29		温湿度环境监测仪	温度精度±0.5℃，湿度精度±3%RH	2	套
30		智能灯光控制模块	可以分区控制，也可以全开全关，485 协议接口，每一路 250V16A，8 路灯光控制口	1	套
31		智能人体感应球	仓库进入人员自动感应，自动感应仓库内有无人员，联动设备控制与灯光控制，节能，增加设备使用寿命	9	套
32	视频监控模块	网络摄像机	200 万像素 POE 摄像头，星光夜视，带铝支架	12	台
33		硬盘录像机	支持 16 路网络视频存储，支持双网口，支持 4 个硬盘盘位	1	台

序号	模块名称	设备名称	规格型号	数量	单位
34		监控级硬盘	8TB 监控专用紫盘，7200 转，支持 24h 365 天不间断工作	3	个
35	表计管理模块	智能表计管理主柜	整箱表计管理，内置 RFID 读写器与天线，9 箱表计管理	1	台
36		智能表计管理辅柜	整箱表计管理，内置 RFID 读写器与天线，12 箱表计管理	2	台
37		智能表计开放式货架	10 个三相表，48 个单相表管理，翻盖式单个表计管理，每位带引导灯，带表号识别	2	个
38		智能表计标注设备	防水、防油、防撕标签，可以与数据库打通打印表计相关信息，有线数据通信	2	个
39		智能终端柜	互感器与终端管理柜，主要是管理互感器与采集终端，每格带灯与读取设备	2	个
40		网线	CAT6e/305m	7	箱
41		电源线	RVV3×1.5/200m	4	卷
42		控制线	RVV2×1.5/200m	2	卷

二、电能计量器具出入库

电能计量器具管理中通常会存在以下几个问题：

（1）表计堆放不规范，比如堆叠层数过高、堆放混乱、堆放环境不符合标准。

（2）拖车使用不规范，诸如拖车承载超重、操作人员少、不符合拖车要求、乱停乱放、装卸货物未注意安全等。

（3）营销系统使用不规范，其中存在账号外借、货物信息未核对、货物状态信息未核对等问题。

（4）可能存在火灾安全隐患，表计堆放占用消防通道、未配置灭火器、存放表计地方有人吸烟有明火危险。

针对以上问题，有以下解决办法：

（1）按表箱外规定的层数规格堆放，严禁超高；按不同品种、规格、到货批次、新旧分开有序堆放，并放上状态牌，严禁混乱堆放；确保表计堆放环境干燥洁净。

（2）进行表计运送操作时，应根据拖车的载荷进行表计数量的控制，不得超重；运送表计时，应 2 人同时进行，一人前面拉，一人在后面扶；拖车运送时，车板与地面保持 5cm 距离；确保拖车放下停止移动后，方可装卸车上所载表箱；拖车有专门停放区域，不得随处乱停。

（3）营销系统账户应专人专用。不得把账户借他人使用；进入出入库流程时，须看清楚该流程所示的信息：型号、规格、变比等；发送出入库流程时，须仔细核对该流程所在表计是否全部出库/入库。

（4）表计堆放不能占用消防通道。表库存放处按规定配置灭火器；表计存放处不得出现明火。电能计量器具出入库作业分为省公司新表配送入库即室内出库、合格表计配送出库、故障表计出库、合格表计入库、故障表计入库、报废表计、省公司新表配送入库七种业务，如图 5-2 所示。

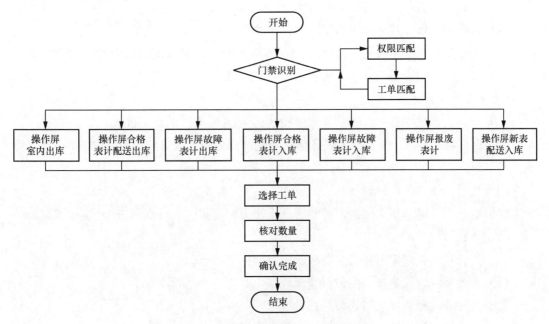

图 5-2 电能计量器具出入库业务流程

出入库作业需遵循以下规定。

（一）室内出库

（1）得到表计检定计划，及营销系统中的待办流程。

（2）提前准备所需的表计，按不同规格放置。

（3）结合计划将待出库表计用拖车运送到周转表库。

（4）进入营销系统，对表计进行扫描出库工作。

（5）对表计实际数量和扫描出库数量进行核对，数量正确后出库，发送流程。

（6）将已出库的表计拉进检定实验室指定区域，并标识。

（二）合格表计配送出库

（1）得到需求计划，制订配送任务，记录配送流程。

（2）进入营销系统配送流程，自动获取（立库操作）或扫描出库。

（3）实际出库表计数量与流程所需出库数量一致时，打印配送清单，发送流程。

（4）将已配送表计（附带清单）装车。

（三）故障表计出库

（1）在营销系统中查看计量装置故障检定/检测出库流程，点击进入。

（2）点击显示全部，显示故障表计信息与流程任务表计数量一致时，出库并发送流程。

（3）将故障表计与检定人员办理交接手续。

（四）合格表计入库

（1）查询合格表计所在流程，对应表计一一进行入库。

（2）合格表计按箱筐入库到合格库房，不合格表计入库到旧表库。

（3）检查入库流程，对照入库清单，当实际入库数量和须入库数量一致时，发送流程。

（4）将实物送至合格表库，与资产人员办理交接。

（五）故障表计入库

（1）在营销系统中查看计量装置故障检定/检测入库流程，点击进入。

（2）点击显示全部，显示故障表计信息与流程任务表计数量一致时，选择旧表库，点击入库。

（3）查看入库清单，发送流程。

（4）检定人员将分析完成的表计与资产人员办理交接（表计保留三个抄表周期）。

（六）报废表计

（1）按计量相关规定，将符合要求的旧表分拣至报废。

（2）统计报废表计数量，生成报废流程。

（3）报废流程经相关权限人员进行审批。

（4）将报废表计按相关流程至各部门进行审批。

（5）审批后，与物资公司办理报废表计的交接手续。

（七）省公司新表配送入库

（1）根据配送清单，清点配送表计。

（2）登录营销系统，进入清单所列配送流程，选择库房，点击入库，发送。

（3）将表计实物放至库房相应位置，并标识。

电能计量器具设备的出入库虽分为七种业务，但是都有共同的要求，首先需核对到货物资是否与月度计划相符，主要包括：货物数量、规格型号、订单核对无误；其次核对装箱单与实际到货明细，核对无误后，办理登记入库手续。若不符，应及时通知相关部门进行处理。最后需对待出入库的计量器具按库房物资存放要求做好防护工作，存放于智能表库并做相关记录。

融合仓中与电能计量器具存储相关有整箱智能表计柜、开放式表计存放货架、智能终端柜。

（八）整箱智能表计柜

（1）简介。用于整箱表计的存放与批量挂表与配表，无需从箱子里面分散取出存放，实现整存与整取，实现高效率批量出货。

（2）分类。表计存放柜分主柜与辅柜，辅柜是作为主柜的扩展，操作主要在主柜上，联动辅柜。

（3）特点。采用碳钢材料，可以保证足够的强度和稳定性；柜体采用优质冷轧钢材，保证优质的生产加工精度和良好的防锈防腐功能。内置表计仓库管理软件，与能源互联网营销服务系统信息交互，实现网络化管理。

（4）结构。柜体尺寸为 1100×640×2000mm，主柜存放表箱不少于 9 箱，辅柜每个不少于 12 箱。配备人脸识别功能，进入后自动推送营销 2.0 系统工单信息到操作屏；内置触摸屏方便操作，内置两个全频喇叭，可以进行语音提醒与播报；内置工控机含内存与硬盘，安卓或 Windows 操作系统；内置 RFID 读写器，0～33dBm 天线增益可调，840～960M 频率，支持 6C/6B RFID 标签，支持网络控制与 485 控制，峰值读写速度 500 张/s 以上。内置 RFID 天线与 RFID 读写器，可以读取放入格内整箱表计设备，实现整箱批量自动挂表，可以实现一键盘点每一格内实际表计等详细信息。

（5）操作方式。领料人员与工单信息相符后，相关整箱表计柜位自动弹开门，即可领取搬出，带语音提醒；具有网络远程检测与监测及控制功能，柜内表计信息与数量、领出时间、领用人员等远程可以查看，可以远程控制哪一个开锁。

（6）注意事项。每个柜体格子独立电子锁，在主柜刷脸后自动开门，电子锁带关门反馈，没关门自动语音提醒，停电后柜门锁支持锁定，防止断电后门锁失效丢失物品；每一格带 LED 灯照明可以独立控制，关门自动关灯；内置手持式扫码枪，作为备用；底下带轮，方便移动，轮子可以锁定；具有箱门开关检测功能，门锁开门故障检测。具有防撬功能。具有防震动功能。支持通过钥匙在顶上应急开任意一排柜门，防止断电后不能应急取出物品。

（九）开放式表计存放货架

（1）简介。货架能承受由货物重量分布不均所造成的变形；货架摆放整齐，环境阴凉干燥，货架标号明确，货架上表计摆放整齐。

（2）特点。开放式表计存放货架主要采用铝合金配套部分的钢结构系统，可以保证足够的强度和稳定性；货架立柱材料采用优质铝合金，保证优质的生产加工精度和良好的防锈防腐功能。

（3）结构。每个货架具有 10 个三相表计与 48 个单相表计存储位；采用积木式模块化组装，组装简单，货架尺寸：2000×360×2000mm（长×宽×高）。

（4）操作方式。货架顶部有明显指引灯、每个表计货位有引导指示灯，与装表工单联动；存储位开放式，表计放入后可以锁定，断电也能保持锁定状态，只能由管理系统根据工单与领用人员对应后才解锁；实现只能根据工单配表取表，防止取错，锁具有反馈，挂表后，表计在位时如果挂表人员忘记，锁具有语音提醒。

（5）注意事项。采用翻盖式防尘设计，带锁定装置，防止领错拿错，防止非工单人员拿走。每个表计货位带有识别装置，可以采用条形码识别装置或 RFID 读写装置，实现自动挂表，无需人工手动扫码挂表及繁琐操作步骤，摆放位置支持任意摆放，随放自动绑定货位与表计身份信息，识别装置相邻表计之间不串读与误读；每个表计货位带有在位感应装置，可以任意时刻一键盘点货架上各货位储存表计实际数量与信息。

（十）智能终端柜

（1）简介。主要用于采集终端与互感器的存放。

（2）特点。智能终端柜采用碳钢材料，可以保证足够的强度和稳定性；柜体采用优质冷轧钢材，保证优质的生产加工精度和良好的防锈防腐功能。

（3）结构。智能终端柜尺寸大小为 1100×400×2000mm，36 个存放位，尺寸可根据互感器大小定制。

（4）操作方式。智能终端柜操作主要在主柜上，联动终端柜。每个柜体格子独立电子锁，在主柜刷脸后自动开门，电子锁带关门反馈，没关门自动语音提醒，停电后柜门锁支持锁定，防止断电后门锁失效丢失物品；内置 RFID 读写器，0～33dBm 天线增益可调，840～960M 频率，支持 6C/6B RFID 标签，支持网络控制与 485 控制，峰值读写速度 500 张/s 以上；内置 RFID 天线与 RFID 读写器，可以读取放入格内采集终端与互感器，实现采集终端与互感器自动记录，可以实现一键盘点每一格内实际采集终端与互感器等详细信息；领料人员与工单信息相符后，相关采集终端与互感器柜位自动弹开门，即可领取搬出，带语音提醒；具有网络远程检测与监测及控制功能，柜内互感器、采集终端、表箱等信息与数量、领出时间、领用人员、在哪一格远程可以查看。可以远程控制哪一个开锁。

（5）注意事项。每一格带 LED 灯照明可以独立控制，关门自动关灯；底下带轮，方便移动，轮子可以锁定。具有箱门开关检测功能，门锁开门故障检测。具有防撬功能。具有防震动功能。支持通过钥匙在顶上应急开任意一排柜门，防止断电后不能应急取出物品。

三、营销计量作业安全工器具管理

融合仓中安全工器具存放于安全工器具柜中。

（1）简介。安全工器具柜可以存储安全工器具，实现安全工器具的出入库，快速匹配工单与配备，提升效率。

（2）分类。可分为且不限于接地线工具柜，满足各种规格接地线的摆放；绝缘靴与绝缘手套柜，满足绝缘靴与绝缘手套的摆放；放电棒与绝缘杆柜，满足各种规格杆类工具的摆放；其他工具柜，满足其他各种非特殊工具的摆放。

（3）特点。安全工器具柜采用碳钢材料，可以保证足够的强度和稳定性；柜体采用优质冷轧钢材，保证优质的生产加工精度和良好的防锈防腐功能。

（4）结构。柜体配置人脸识别功能，识别人员身份信息与工单信息绑定；内置触摸屏方便操作，内置两个全频喇叭，可以进行语音提醒与播报；内置工控机含内存与硬盘，安卓或 Windows 操作系统；内置温度、湿度检测；内置温/湿度控制；加热与除湿模块。

（5）操作方式。领器具人员与工单信息相符后，相关安全工器具柜位自动弹开门，即可领取搬出，带语音提醒；具有网络远程检测与监测及控制功能，柜内物料信息与数量、领出时间、领用人员等远程可以查看，可以远程控制哪一个柜门开锁。

融合仓内计量作业安全工器具的管理包括人员职责的定位以及器具的管理。

1. 安全工器具柜管理员职责

安全工器具柜管理员具体负责计量技术组工器具的收发、保管工作；做到"四懂"（名称规格、使用性能、保管常识、商标产地）、"四勤"（清点、整理、保养、复核对账）、"四过硬"（发料、收料、保养、保管）；按规定学习有关消防知识，做好安全工器具柜的防火防盗工作；保持物料整洁、卫生。

2. 安全工器具定置定位管理

（1）工器具进柜要按不同性能和要求做到分区、分类定置堆放。

（2）安全工器具必须达到标识鲜明、品名相符、规格不混、数量准确。

（3）保养经常化，柜容整齐清洁化。

3. 公用工器具的领用与归还

公用工器具领用和归还必须办理手续，领用者必须及时归还，归还时应检查是否有损，如发现有损应说明原因，并做好其他必要处理工作。工器具的领用与归还分别如图 5-3 和图 5-4 所示。

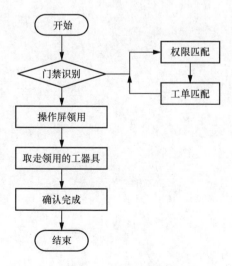

图 5-3 工器具的领用

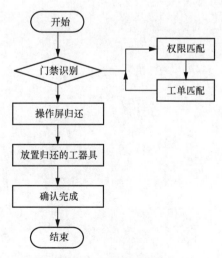

图 5-4 工器具的归还

针对安全工器具的管理，制订了以下 3 点规定。

（1）每天下午下班前，安全工器具库管理员对库房进行巡视、检查工作。

（2）加强库房安全、消防工作。切实做好防火、防盗、防破坏的三防工作，消防器材应定位存放、有专人负责，并定期检查及补充更换。

（3）公用工器具应坚持定期盘点，结合春、冬安全检查，每年不少于两次全面盘点、并做好记录。

第六章 智能周转仓

当前，智能电网的发展迅速，国家提出了新型电力系统的战略目标，为准确计量大量离散的分布式光伏、储能等计量点，智能电能表高压新装规模增长速率空前，政府部门对智能电能表的出库入库、存储、配送、报废等各个流程环节提出了更为严格的监管要求，因此，亟需构建实现智能化、自动化的电能计量周转体系，从而提高电能计量设备（包括电能表、负控终端、采集器和集中器等）的管理效率，减少人为差错，保证计量资产管理的安全可靠。

但现阶段电能表在流程管控和资产管理过程中主要存在以下问题。

（1）库房条件差。电能计量资产管理普遍采用周转箱和电能资产原包装进行存储，二级库房和三级库房大部分选用小规模电力仓储设备，包括挂表架与普通货架等，但这种仓储设备有很大的缺点，不仅占地面积大、存储效率低，而且存取不便、劳动强度大，且基层供电所库房存储量小、数量多、分布分散、仓储条件较简陋，不能较好达到计量资产防潮、防尘、防腐条件，资产管理人员为防止电能表丢失，只能将零散备表放在库房中，不适于供电公司对计量设备智能化的管理需求。

（2）流程管控难。各地市供电公司、供电所等基层计量库房的电能表出库入库、配送、领用、报废等各流程完全依赖人工进行处理，针对业扩、轮换、基建、抢修等用表需求难以保障规范的过程管控，电能表管理无法满足信息化的管理手段，难以正确统计和管理已经预领却在现场完成完整的电能表，一线计量资产管理单位的电能表规范管理难度较大。

针对以上现状，建设智能化计量资产仓储系统已成为电力行业计量资产管理与运营的发展趋势。为了加强地市县公司及供电所等基层班组的电能表、负控终端及采集器等资产的仓储管理能力，解决基层一线班组的资产库房无法规范管理的难点，充分满足基层班组的零散领用需求，国家电网公司正式出台相关标准文件，要求计量资产的管理实现"物流化配送、集中仓储和自动化检定"，同时，相关计量周转柜企业标准也已出台，智能计量周转柜推广速度剧增。

智能计量周转柜有效地将电能表的领用流程标准化、规范化，基于智能计量周转柜，通过建设适用于多种不同场合的智能计量周转仓，可实现基层供电所计量器具全流程统一化、规范化、信息化、智能化管理，在满足供电所零散及抢修用表管理需求的同时，实现供电所计量资产管理全流程信息化、智能化管理，进一步提升了供电所电能表资产管理水平，同时，也满足了计量资产集约化管理的要求，提高计量资产库房运作效率。

第一节　智能周转仓软硬件设备

基于自动化系统、大数据技术等前沿科学技术，将硬件设备与软件管理系统相结合，构建的电能计量资产周转仓智能化管理系统，广泛应用于市县级和供电所库房，是单独建设的一整个智能化、自动化、标准化的计量资产周转仓库，简称智能周转仓，其能够实现周转仓管理系统与营销 2.0 系统、计量生产调度平台的数据互通，加强电能表等设备的精益化管理，真正实现了计量资产的全寿命周期管理，实现电能表、终端、采集器等计量设备的管理规范、流程标准可控在控。

智能周转仓主要由两大部分组成，分别为智能周转柜硬件设施和智能计量周转管理系统。

一、智能周转柜

（一）简介

智能计量周转柜的硬件组成部分及物理结构主要包括存储模块（存储区）和控制模块（控制区），其实物图如图 6-1 所示。

图 6-1　智能周转柜实物图

1. 存储模块（存储区）

智能计量周转柜存储模块主要由存储柜、存储板、储位感应模块、组合式货架、条码扫描装置、视频监控设备、电子锁、人机交互设备、LED 显示屏、语音提示设备等组成。

单个分体柜能够容纳 6~9 层存储板，存储对象包括单相电能表、三相电能表、采集器、集中器、负控终端等，存储板按放置设备的不同主要分为两种结构，具体分类为三相表存储板（也可用于存放负控终端以及集中器）和单相表存储板（也可用于存放采集器），同一分体柜能够同时存放三种不同类型的资产设备（负控终端、智能电能表等），能够完全适应计量资产存储与管理的需求。此外，为了便于感知储位状态，存储板的每个储位均配置相应传感器和指示灯，在出入库操作时，实现引导操作人员正确取出和放置对应设备的作用。

2. 控制模块（控制区）

控制模块包含控制柜、计算机主机、后备电源、网络接口、各类监控传感器、触摸屏、摄像头、读写器、音箱组件等，具备出库入库前的身份确认功能，通过人像识别、指纹识别等技术进行操作人员身份认证，通过触摸屏可视化界面确定领用的电能表及采集设备，操作流程完成后将自动打开柜门，实现无人值守。

（二）分类

考虑到各基层单位周转仓场地规模大小不一，周转柜采用分体式设计（模块化拼装结构），根据运行模式的适配性进行拼接设计，通过控制区的控制单元对全部分体存储柜块进行管理，控制柜、存储柜根据实际使用需求可进行自由拼接和组合，拼装灵活自由，多个分体柜拼接时，由统一的控制柜完成软件控制。

一台控制柜，可管理的存储柜最大值为三台，根据实际业务量需求，按照存储容量，可以组成 3 种类型：标准配置（Ⅰ型周转柜）、扩展配置（Ⅱ型周转柜）、最大配置（Ⅲ型周转柜）三种形式。三种配置形式的外形尺寸及最大存储数量如下。

（1）Ⅰ型周转柜：由 1 个控制柜和 1 个存储柜构成，也称为标准型周转柜，可设置最大 72 个单相电能表储位或 30 个三相电能表储位（终端储位与三相电能表储位共用）。

（2）Ⅱ型周转柜：由 1 个控制柜和 2 个存储柜构成，即在标准型周转柜的基础上扩展（拼接）1 个存储柜，由 1 个控制柜管理 2 个存储柜，储位数量是Ⅰ型周转柜的 2 倍，共计 144 个单相电能表储位或 60 个三相电能表储位。

（3）Ⅲ型周转柜：由 1 个控制柜和 3 个存储柜构成，即在标准型周转柜的基础上扩展（拼接）2 个存储柜，由 1 个控制柜管理 3 个存储柜，储位数量为Ⅰ型周转柜的 3 倍，共计 216 个单相电能表储位或 90 个三相电能表储位。

Ⅰ~Ⅲ型周转柜标准尺寸及储位见表 6-1。

表 6-1　　　　　　　　　Ⅰ~Ⅲ型周转柜标准尺寸及储位表

配置	尺寸（长×高×深）	单相表存放数量	三相表存放数量
标准配置（1 台控制柜+1 台存储柜）	1.7m×1.7m×0.56m	72	35
扩展配置（1 台控制柜+2 台存储柜）	2.8m×1.7m×0.56m	144	60
最大配置（1 台控制柜+3 台存储柜）	4.0 m×1.7m×0.56m	216	90

（三）特点

智能计量周转柜依靠智慧仓储体系，结合互联网及大数据技术，在营销计量仓储业务管理中，具有六大特点。

（1）自主性。周转柜的作业模式借鉴于物流仓储柜，通过人脸识别和条形码识别技术能够进行无人值班管理，在应急抢修服务方面，更是能够提供 24 小时不间断工作服务。

（2）实用性。根据业务需求，按照系统界面简洁、流程处理高效、价格经济、设备实用的原则对智能周转柜进行设计，实现业务全过程流程运转的目标。

（3）柔性可扩展性。充分考虑人机交互的柔性结合，将系统操作流程最简化，实现库房管理人员快速上手、快速适应。

（4）智能化。全过程智能扫描、多媒体主动引导、业务类型自动识别，实现入库、领用、退库和盘点等仓储操作的智能化。

（5）规范化。通过工单方式实现计量器具的入库及领用，实现"无人值守、刚性管控"的目标，保障规范化作业。

（6）可视化。实现对操作监控、异常告警、在线自动盘点，支撑全流程管控，实现供电所电能表仓储管理的在线可视化管控。

（四）结构

在物理结构上智能计量周转柜柜体采用微储式结构，由支撑框架、储位层板、门、面板、底座、电磁锁等零部件组成，各主要部件采用模块化设计，可按模块进行拼接和拆卸，方便周转柜的运输及安装。

1．总体结构

（1）智能电能计量周转柜的主控部分采用工业级 PC 机，结合各类接口、摄像监控模块、条码扫描模块和人脸识别组件进行连接。

（2）为方便柜体可以朝向各个方向移动，方便仓内搬运，各柜体底部均安装具有固定防滑部件的万向轮。

（3）柜体底部设置调节螺丝，可用于支撑固定，运输到位后调节螺丝，柜体接触到地面后完成固定。

（4）各柜体均预留多个用于后期扩建拼接的电控、数据连接模块。

（5）为预防营销作业风险导致人身伤害事件，设备外壳的拐角、棱缘满足磨光及倒圆要求。

智能计量周转柜单体柜及组合柜示意图如图 6-2 所示。

2．电控控制

智能计量周转柜电控控制模块主要由采集信号、信号管理、通信和警报模块组成，主控板连接以太通信模块、电源模块、电动机门锁控制和蜂鸣器报警等电路，承担所有储位的采集信号的输入和控制信号的输出，同时还包括与营销系统主站的数据交互、报警等工

作。上、下位机之间的信息交换应用 CAN 总线，下位机对数据的采集模式为通过 RS232
采集，再将获取到的数据传输给上位机，根据接受到的信息，上位机将开展对应的控制管
理，将周转柜门开闭状态、出入库信息、储位数据和盘点结果等利用接口程序上送到营销
系统，其电控控制框图及主流程图分别如图 6-3 和图 6-4 所示。

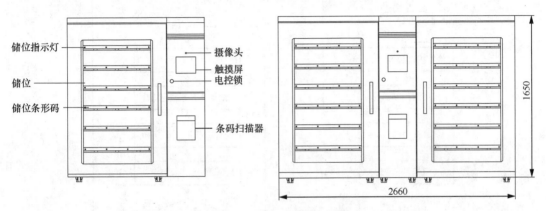

图 6-2　单体柜及组合柜示意图

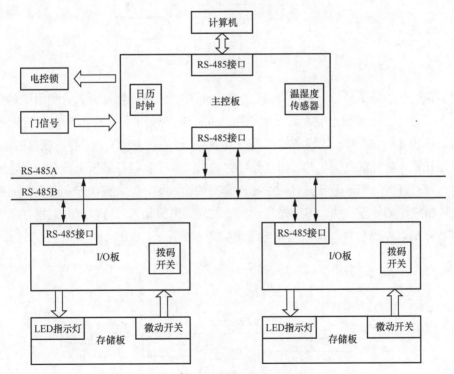

图 6-3　周转柜电控控制框图

3．储位检测

（1）存储板按存储产品的不同，主要分为单相电能表存储板（或存储采集器等尺寸相

似设备）和三相电能表存储板（或负控终端和集中器等尺寸相似设备），可根据实际需求，在同一柜体内自由组合。

（2）为方便出入库操作时寻表，存储板的每个储位，均设置指示灯，起到引导作用。

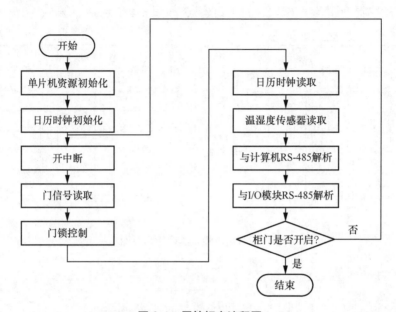

图 6-4 周转柜主流程图

（3）存储板的每个储位，均带有储位检测传感器，采用通微动开关，利用光电检测原理实现各储位是否已放置电能表的灵敏识别（或终端、采集器和集中器）。当存储板上放置电能表等设备时，被放置的设备将微动开关下压，开关状态闭合后，导通光耦的输入端，通过光电转换，呈现低电平信号，通过光耦的输出端输出；当存储板上没有放置电能表等设备时，微动开关呈现断开状态，无法导通光耦的输入端，呈现高电平信号；根据以上原理，通过相应检测处理模块，识别光耦输出端的高低电平信号，可以有效识别存储板上电能表等物体是否正确放置，其原理及电路图如图 6-5 所示。

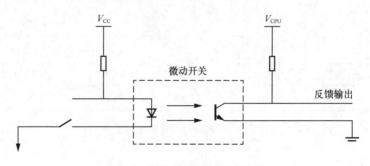

图 6-5 储位检测原理及电路图

（五）操作方式

1. 柜门闭锁操作

（1）柜门开锁包含机械钥匙和电动控制两种方式，在突发应急情况下，例如柜体发生停电或产生故障时可通过机械钥匙打开柜门。

（2）电控门锁通过控制单元控制，根据操作流程及要求，并在输入合法口令后，控制单元发出解锁命令，柜门自动开锁，操作人员即可开启柜门。

（3）具备自动上锁功能，通过蜂鸣器，未成功自动上锁的情况将产生报警声对操作人员进行提醒。

（4）由两路信号位监控门锁状态。

2. 温/湿度控制操作

（1）由温/湿度控制器实现除湿、加热功能。通过识别温度和湿度的实时测量值，控制风扇和加热器的启停和力度，保障恒温恒湿的计量设备存储环境。

（2）除湿和加热功能的启用和停止，可事先设定相应阈值。

3. 语音播报操作

柜体内置多媒体音响，通过功放带动扬声器为库房管理人员提供智能语音播报，引导库房管理人员根据标准流程进行操作。

（六）注意事项

1. 电源注意事项

（1）周转柜采用单相交流电供电。

1）频率 50Hz，允许偏差-2％～+2％。

2）额定电压 220V；允许偏差-10％～+10％。

（2）后备电源应启动，作为在线电源，一旦停电可以自动启动，确保周转柜连续工作。

1）后备电源供电时，应确保温湿度控制模块处于停止工作状态，以免加快后备电源耗电速度。

2）后备电源持续供电时间应不小于 60min。

2. 环境注意事项

智能计量周转柜宜安放于户内使用，其运行温湿度范围要求为相对湿度及参比温度：相对湿度为45％～75％，参比温度为23℃。大气压力：63.0k～106.0kPa（海拔4000m及以下），特殊要求除外。具体如表6-2所示。

表 6-2　　　　　　　　　　周转柜运行温湿度范围表

类型	级别	温度（℃）	相对湿度（%）
工作	C1	−25～45	20～95
储存和运输	C2	−40～55	20～95

3. 作业安全注意事项

智能计量周转柜应配备剩余电流动作保护器作为电源回路的用电安全防护。保护器采用额定剩余动作电流不超过 30mA 的无延时（一般型）剩余电流保护装置。

4. 设备运行注意事项

使用过程中可能直接触及的各组件模块，应有可靠的电源隔离措施，金属的外壳及正常工作中可能被接触的金属部分，应连接到独立的保护接地端子上，接地端子应有清楚的接地符号，接地端子的截面积应不小于 6mm^2。

5. 库房操作人员注意事项

库房操作人员应根据《国网浙江省电力公司二、三级表库规范化管理评价细则》的相关要求，并遵守计量资产仓库管理规定。

6. 设备维护与保养注意事项

（1）条形码扫描枪。

1）应使用采用码制满足 Q/GDW 1205 规范要求的一维条形码。

2）应配置无线移动式条形码扫描枪（扫描器）。

设备长时间断电可能导致扫描枪不能使用（如激光灯不亮），需要重新进行初始化。需将扫描枪开关按住 20s 设备扫描枪恢复正常。

（2）扫描枪配对。设备长时间断电可能导致配对失败，需要重新进行配对。需将扫描枪放在周转柜的扫描枪底座上，按下底座上的"M"键，配对成功并有声音提示。

（3）设备接地与检查。周转柜使用的电源插座必须使用独立插座（禁止使用多功能插座），插座应可靠接地，严禁在无可靠接地的情况下接入周转柜电源。

（4）清洁保养。智能计量周转柜应进行日常保养、清洁，防止触摸屏区域、条码扫描区域、图像识别区域等模块积灰失效。保养前，先关机、再切断电源，严禁使用湿布擦拭设备。

（5）周转柜系统版本升级。周转柜系统支持远程自动升级，升级完成后需核对系统版本号，确认升级成果。

（6）断网、断电处理。断网后，周转柜系统停止运行，若碰到有抢修紧急情况下，此时可通过钥匙打开周转柜，领出抢修所用的计量器具。待网络接通后，再进行盘点操作，实现与营销系统的同步。

断电后，周转柜系统停止运行，若碰到有抢修紧急情况下，此时可通过钥匙打开周转柜，领出抢修所用的计量器具。待断电恢复后，再进行盘点操作，实现与营销系统的同步。

二、智能周转管理系统

（一）简介

为实现计量器具全流程信息化、智能化管理，进一步深化计量器具全寿命周期管理，基于 RS485 通信总线控制架构的智能周转管理系统应运而生。智能计量周转管理系统，采用模块化设计理念，包括数据库、数据界面及系统管理软件等几个部分组成。能够有效开展计量器具的库房标准化、规范化管理，并与营销系统、生产系统实现信息数据交互，其系统交互界面，能够引导库房管理人员标准、高效的开展计量器具出库入库、库房盘点等业务，实现了周转仓内各柜体的储位状态、异常告警信息的集中管理以及所有储位状态的分散采集与控制。

智能周转管理系统采用条码扫描、视频监控、多媒体引导等物联网技术，与营销业务应用系统 2.0 和计量生产调度平台实现系统平台接口无缝对接，通过营销系统相应工单和电能表唯一的资产编码进行自动比对，实现无人值守情况下的营销计量零散及抢修用表的标准化全过程领用流程管控。

（二）系统及技术架构

智能周转管理系统与营销业务管理系统和营销资产管理系统进行接口互通，实现电能表的去向可查。智能周转管理系统主要通过主控模块来控制其他的模块实现智能化，配以指标预警、周转仓储位数据、事件记录、历史数据记录等系统扩展功能，与营销系统互联实现表计全生命周期管理，达到计量器具的可控，进一步提高表计智能化管理水平，智能周转管理系统架构示意图如图 6-6 所示。

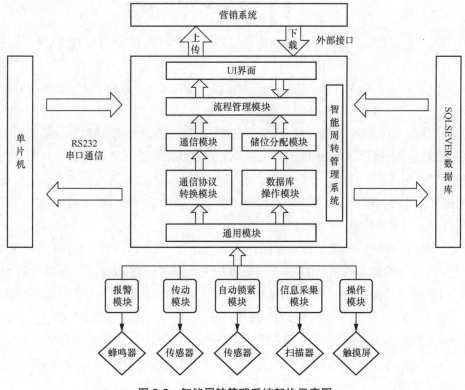

图 6-6　智能周转管理系统架构示意图

首先，智能计量周转管理系统将库房内所有智能周转柜纳入计量服务总线里开展管理及认证，与计量生产调度平台、营销系统 2.0 等系统及平台的业务数据交互由计量服务总线来完成开展。计量服务总线将配送管理任务、库房库存数据、库房告警数据、出入库请求数据、各周转柜储位数据等实时反馈给计量生产调度平台，完成对智能周转柜的全面管理。同时，各分体智能周转柜的接入及实现与营销系统的业务操作交互均通过计量服务总线完成。其总体架构如图 6-7 所示。

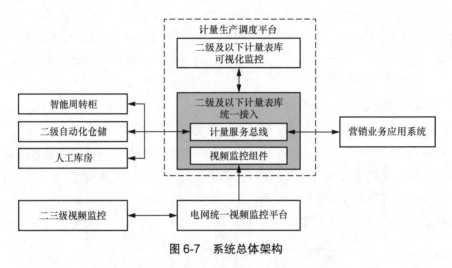

图 6-7 系统总体架构

在上述架构设计中，智能计量周转柜及智能周转管理系统通过自动化技术、物联网技术、数据管理技术、智能识别技术，实现了标准化、系统化的管理体系，拓展了终端、采集器及电能表等计量设备的数字化资产信息管理、无纸化业务流程、智能化库房管理等功能模块。

智能周转管理系统在系统管理中，采用有线专网方式接入一线营销计量管控系统及平台中（装表接电人员领用归还电能表等业务流程通过计量管控系统及平台完成掌上操作），以计量周转柜为末端元素，与计量生产调度平台、营销系统 2.0 通过网络接口完成良性交互，构建分层分级、安全标准的电能计量资产信息管理体系，为一线基层单位零散及抢修用表的存储、领用提供标准化的过程管控手段。

通过智能计量周转管理系统，智能计量周转仓全天 24h 在线运行，无需专人管理，实现了无人值守的运作模式，通过给相应操作人员配置一定的权限，可以实现快速、方便、规范的领用操作，节假日、深夜抢修等工作均可完成应急取表。入库操作时，计量装置从上级库房通过业务流程将操作指令发送至周转仓内相应的智能计量周转柜，业务支持装接单条码扫描、业务流程号匹配、签收待办业务工单等方式完成出库入库操作。出库操作时，可通过扫描装接单出库、返回配送出库、预领出库三种出库模式完成资产出库。

（三）系统接口

系统接口主要包括智能计量周转管理系统及智能计量周转柜与外部系统之间的接口。

（1）智能计量周转管理系统与外部系统间的数据交互为标准化设计，主要包括与智能计量周转柜的硬件层控制芯片、微控制单元间的接口以及与计量服务总线间的接口。

（2）智能计量周转柜和外部系统的接口又分为三大模块，第一模块为与营销业务应用系统之间的接口，第一模块为周转柜和调度平台的连接，第三模块为中间库模式，周转柜与外部接口示意图如图 6-8 所示。

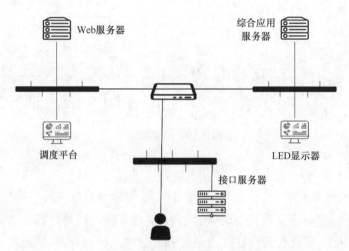

图 6-8　周转柜和外部接口示意图

中间库模式接口数据交换过程如图 6-9 所示，在数据定时交换的场景下广泛使用该模式。

（1）利用调用函数采集存储日志号，然后对存储接口进行调用，把操作日志添加至中间库日志表中。

（2）通信发起方把所需传输的数据保存至中间库表内，便于下一步分析。

（3）通信接收方从中间库中采集所需的数据，同时完成相应的业务处理。

（4）通信接收方完成业务处理后，通过调用函数得到存储日志号，然后调用存储接口把操作日志添加至中间库日志中。

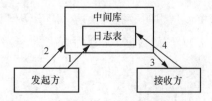

图 6-9　中间库模式接口数据交换过程

智能计量周转系统技术架构主要包括四层架构，技术架构如图 6-10 所示。

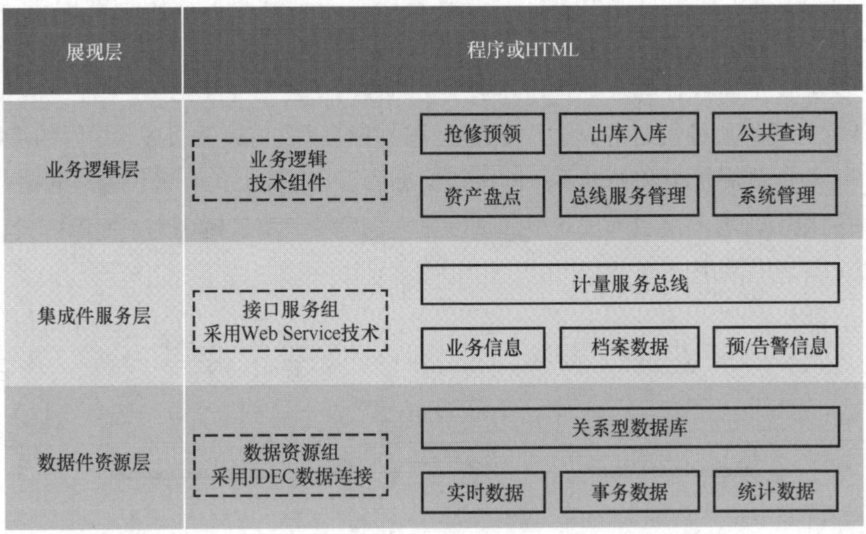

展现层	程序或HTML		
业务逻辑层	业务逻辑技术组件	抢修预领 / 出库入库 / 公共查询	资产盘点 / 总线服务管理 / 系统管理
集成件服务层	接口服务组采用Web Service技术	计量服务总线	业务信息 / 档案数据 / 预/告警信息
数据件资源层	数据资源组采用JDEC数据连接	关系型数据库	实时数据 / 事务数据 / 统计数据

图 6-10　技术架构

（1）展现层。展现层同时也称为表示层，该层级主要包括系统和用户之间交互的组件集合，用户通过展现层向系统发出指令或提出请求，系统通过展现层接收用户指令或请求，并按照用户的指令或请求调用业务逻辑层，最后，根据调用结果将相应的请求结果反馈到展现层并进行展示。智能计量周转管理系统通过 HTML 技术构成了轻薄的展现层，与业务逻辑层分离清晰。

（2）业务逻辑层。该层级为智能计量周转管理系统的核心层级，主要用于对展现层发出指令及进行数据接收，按照需求对数据资源层数据进行调用，同时把请求结果反馈至展示层。该层主要实现出入库、库存盘点功能。业务逻辑层是系统的核心业务处理层，负责接收展现层的指令和数据，根据业务逻辑的需要调用相应的持久层（数据资源层），并将请求的结果返回给表示层。在业务逻辑层计量周转柜主要实现抢修预领、出入库、公共查询等功能。

（3）集成服务层。集成服务层主要是为业务信息、档案数据和预/告警信息等集成到计量服务总线提供技术支持，是接口服务组件的集中提供层，通过 Web Service 技术实现。

（4）数据资源层。数据资源层也叫数据持久层，用于访问数据库，在该层一般是通过DAO（数据访问对象设计模式）访问数据库，为了降低耦合度，DAO 层被设计为接口，采用 JDBC 的数据库连接方式实现。

智能计量周转管理系统层级架构表见表 6-3。

表 6-3   智能计量周转管理系统层级架构表

层级架构	描述
数据资源层	数据资源组件：实时数据、事务数据、统计数据、关系数据
集成服务层	接口服务组件：总线、业务信息、预警信息
业务逻辑层	业务逻辑组件：抢修预领、出库入库、盘点、服务管理
展现层	程序或 HTML

周转柜与外部系统接口主要由两部分组成。一是周转柜与营销业务应用系统接口，主要负责周转柜与营销业务应用系统的业务交互；二是周转柜与生产调度平台的接口，主要负责周转柜监控部分的数据交互。子营销业务系统及计量生产调度平台系统接口采用 Web Service 中间库的方式，和下位机通信采用串口方式。周转柜与营销业务应用系统接口，主要负责周转柜与营销业务应用系统的业务交互；包括人员登录验证、周转柜档案信息同步、储位状态设置、出入库明细下载、出入库明细上传、盘点任务下发、储位信息下载和盘点结果上传等。周转柜与计量生产调度平台接口，主要负责周转柜监控数据交互，包括计量器具资产信息同步、告警规则阈值下发、告警信息上传、监控信息上发、储位信息上传和图像记录上发等。周转柜与外部系统接口示意图如图 6-11 所示。

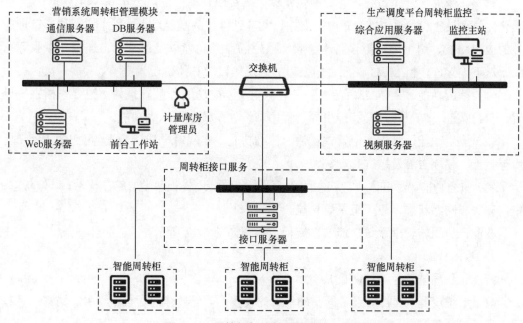

图 6-11　周转柜与外部系统接口示意图

营销业务应用系统包含客户服务与客户关系、资产管理、电能计量及信息采集、市场与需求侧等功能。基层单位表计的配送管理全部是通过营销业务应用系统实现。基层单位提交配送申请后，由其上级单位审批后制定配送计划和执行配送任务，再由基层单位开展配送执行，同时营销业务应用系统会将配送执行任务工单发送到计量服务总线，由计量服务总线进行转发。

计量服务总线与计量周转柜通过接口服务实现无缝对接，实现计量周转柜与营销业务应用系统、计量生产调度平台的业务交互和数据同步，并针对计量周转柜的操作特点，在接口服务中实现了任务调度、计量设备出入库调度功能。实现的业务流程包括周转柜上线运行、有工单出入库、无工单出入库、预领出库、库房盘点、储位变更、资产档案查询、告警信息上传、监控信息上传、人员登录等流程。

智能计量周转管理系统的出入库操作非常关键，出入库详细流程为：①业务逻辑层制定电能计量仪器出入库任务单，同时把出入库任务单传输至计量服务总线，从而完成对出入库任务单的转发处理。②电能计量周转柜获取出入库任务单后对任务单进行扫描，若扫描认证完成，则可得到出入库明细，电能计量周转柜对总线接口传输的入库结果和出入库明细进行调用，同时传输给业务逻辑层。③若未完成工单扫描认证，那么需检查总线接口是否接收到任务单，再继续进行工单扫描。

（四）系统功能

1. 功能分类

智能计量周转管理系统功能标准化建设需要实现各地市供电公司周转柜的统一化、标准化，主要包含四个组成部分：用于支持日常基础操作的基础功能、用于实现核心管理业务的应用功能、用于周转柜设备本身状态监控的监控功能以及用于对上连接计量服务总线、对下连接周转柜 MCU 单元之间接口的系统接口。具体体现为：

（1）基础功能。用以支撑周转柜应用功能及监控功能的基础条件，主要包括系统设置、身份认证、储位管理、智能引导、程序升级、系统接口六大功能。

（2）应用功能，是周转柜管理软件的核心功能，实现对电能计量设备的出入库管理、库存盘点、超期告警及运维管理等。

（3）监控功能。对柜体本身状态的全面监控，包括周转柜总览、库存状态、储位状态、柜门开关、网络状态、停电记录等功能。

智能计量周转管理系统功能实现流程示意图如图 6-12 所示。

2. 基础功能

智能计量周转管理系统基础功能如下所示。

（1）系统设置。支持对设备的基础信息的设置，如储位信息、设备型号、档案信息和网络通信参数等。

（2）身份认证。

1）通过输入操作员账号（工号）和密码的方式进行身份认证。

2）周转柜操作员账号（工号）和密码宜与营销业务应用系统共用，操作员权限在营销业务应用系统中分配。

3）操作员账号（工号）的输入方式应支持：手动输入、条码扫描或 RFID 卡扫描的方式。手动输入：操作员在触摸显示屏上手动输入账号（工号）；条码扫描：将操作员账号（工号）转换为条码并利用条码扫描器读取信息。

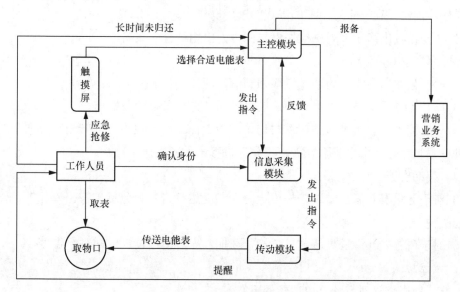

图 6-12　系统功能实现流程示意图

（3）储位管理。

1）提供对储位单元的禁用和启用功能，储位单元禁用后，系统将不引导操作员在该储位存放设备。

2）在进行禁用的过程中，如果所禁用的储位单元上存放有设备，需要提示操作员进行移位。

（4）智能引导。设备操作具备语音提示及指示灯引导功能，能引导操作员按提示进行开关柜门、存取设备和盘点等操作，并能对错误操作进行告警提示。

（5）程序升级。支持远程升级和本地升级两种方式。

1）远程升级。提供定时检查更新包的功能，允许管理员自行设置更新时间；提供更新方式的设置，支持重启后自动更新或收到更新包后提醒操作员更新两种方式。

2）本地升级。周转柜具备本地升级接口，可本地导入更新包进行程序升级。

3. 应用功能

智能计量周转管理系统应用功能如下所示。

（1）入库管理。

1）入库管理功能包括配送入库和领出未装入库两种。

2）配送入库采用扫描工单条码和输入工单号两种方式发起业务操作，领出未装入库采用扫描计量器具资产条形码和输入计量器具资产条形码两种方式发起业务操作。

（2）出库管理。

1）出库管理功能包括装表出库、预领出库、抢修预领出库和返回配送出库4种。

2）装表出库、预领出库和返回配送出库可采用扫描工单和输入工单号两种方式发起业务操作，抢修预领出库为无工单方式的出库操作。

3）计量器具出库应采用先检先出与先进先出相结合的策略。

（3）库存盘点。

1）库存盘点功能包括周期盘点和强制盘点两种。

2）周转盘点采用扫描工单和输入工单号两种方式发起业务操作。

3）当监测到储位实时状态信息与记录的库存信息不一致时，周转柜在界面中通知操作员进行强制盘点，未完成强制盘点不允许进行出入库操作。

（4）超期告警。

1）对于计量器具领出安装未按设定时间归档进行告警，包括装表出库超期、预领出库超期两种。

2）对于所存储计量器具超过设定检定周期，库龄超过设定周期进行告警。

4. 监控功能

智能计量周转管理系统监控功能如下。

（1）库存状态监控。实时监控各存储对象库存变化情况，存储对象库存量低于设定值时，自动记录和告警。

（2）储位状态监控。具备储位状态实时监控功能，出现储位存储异常的情况，自动记录和告警。

（3）柜门开关记录。具有钥匙开门的开门时间及操作内容记录和正常业务操作时未关门的记录。

（4）网络状态监控。具备网络状态监控功能，在出现网络异常的情况下，自动记录和告警，并记录网络异常期间储位的状态变化。

（5）停电记录。具备停电记录功能，恢复供电后，对停电前后储位状态变化进行分析，状态不一致应告警。

（6）温/湿度监控。提供温/湿度越限报警阈值及监控模块启停阈值设置功能，也可设置工作和非工作模式；当温/湿度低于报警阈值下限或高于报警阈值上限时，自动记录和告警；在工作模式下，当温度低于启动阈值时，启动加温模块，当温度高于停用阈值时，停用加温模块；当湿度高于启动阈值时，启动除湿模块，当湿度低于停用阈值时，停用除湿模块。

智能计量周转管理系统具体功能见表6-4～表6-7。

表 6-4   功能配置表

序号	项目		标　配	选　配
1	基础功能	系统设置	√	
		身份认证	√	
		储位管理	√	
		智能引导	√	
		程序升级	√	
		系统界面	√	
2	应用功能	入库管理	√	
		出库管理	√	
		库存盘点	√	
		超期告警	√	
3	监控功能	库存状态监控	√	
		储位状态监控	√	
		柜门开关记录	√	
		网络状态监控	√	
		停电记录	√	
		温/湿度监控		√
		图像拍摄		√

表 6-5   基础功能

序号	功能项	功能简要说明
1	系统设置	支持对设备的基础信息的设置，如：储位信息、设备型号、档案信息、网络通信参数等
2	身份认证	（1）通过输入操作员账号（工号）和密码的方式进行身份认证。 （2）周转柜操作员账号（工号）和密码宜与营销业务应用系统共享，操作员权限在行销业务应用系统中分配。 （3）操作员账号（工号）的输入方式支持以下3种：手动输入、条形码扫描或RFID卡扫描的方式。 1）手动输入：操作员在触摸显示屏上手动输入账号（工号）； 2）条形码扫描：将操作员账号（工号）转换为条形码并利用条形码扫描器读取信息； 3）RFID卡扫描：将操作员账号（工号）信息存储在RFID卡中并利用RFID模块进行信息读取
3	储位管理	（1）提供对储位单元的禁用和启用功能，储位单元禁用后，系统将不引导操作员在该储位存放设备。 （2）在进行禁用的过程中，如果所禁用的储位单元上存放有设备，需要提示操作员进行移位
4	智能引导	设备操作具备语音提示及指示灯引导功能，能引导操作员按提示进行开关柜门、存取设备、盘点等操作，并能对错误操作进行告警提示
5	程序升级	（1）支持远程升级和本地升级两种方式。 （2）远程升级：提供定时检查更新包的功能，允许管理员自行设置更新时间；提供更新方式的设置，支持重启后自动更新或收到更新包后提醒操作员更新两种方式。 （3）本地升级：周转柜具备本地升级界面，可本地导入更新包进行程序升级
6	系统界面	通过与营销业务应用系统、计量生产调度平台界面，实现相关业务功能。界面方式包含但不限于 WebServices、socket 及中间库等方式

表 6-6 应用功能

序号	功能项	功能简要说明
1	入库管理	（1）入库管理功能包括配送入库和领出未装入库两种。 （2）配送入库采用扫描工单条形码和输入工单号两种方式发起业务操作，领出未装入库采用扫描计量器具资产条形码和输入计量器具资产条形码两种方式发起业务操作
2	出库管理	（1）出库管理功能包括装表出库、预领出库、抢修预领出库、返回配送出库四种。 （2）装表出库、预领出库、返回配送出库可采用扫描工单和输入工单号两种方式发起业务操作，抢修预领出库为无工单方式的出库操作。 （3）计量器具出库采用先检先出与先进先出相结合的策略
3	库存盘点	（1）库存盘点功能包括周期盘点和强制盘点两种。 （2）周转盘点采用扫描工单和输入工单号两种方式发起业务操作。 （3）当监测到储位实时状态信息与记录的库存信息不一致时，周转柜界面中通知操作员进行强制盘点，未完成强制盘点不允许进行出入库操作
4	超期告警	（1）对于计量器具领出安装未按设定时间归档进行告警，包括装表出库超期、预领出库超期两种。 （2）对于所存储计量器具超过设定检定周期进行告警

表 6-7 监控功能

序号	功能项	功能简要说明
1	库存状态监控	实时监控各存储对象库存变化情况，存储对象库存量低于设定值时，自动记录和告警
2	储位状态监控	具备储位状态实时监控功能，出现储位存储异常的情况，自动记录和告警
3	网络状态监控	具备网络状态监控功能，在出现网络异常的情况下，自动记录和告警，并记录网络异常期间储位的状态变化
4	停电记录	具备停电记录功能，恢复供电后，对停电前后储位状态变化进行分析，状态不一致时进行告警

第二节　智能周转仓计量业务应用

智能周转仓的功能可以概括为三大类，即：基本支撑功能、应用功能和监控管理功能。其中，智能周转仓应用功能具体包括出库管理、入库管理、库存盘点功能。

（1）出库管理功能：该功能包括安装出库、预领出库、配送出库、移库出库、调拨出库和抢修出库 6 种出库方式，出库规则是先检先出与先进先出相结合。安装出库、预领出库、配送出库、移库出库、调拨出库由 MDS 系统根据相关流程发起工作单，操作员登录周转仓领取工作单完成出库任务。抢修出库是为满足夜间、节假日等公休时间绕过营销计量资产管理人员，由装表人员直接登录周转仓快速自助领表，相关的流程在抢修完成后补录进系统，提高抢修效率。以上出库任务完成后，周转仓上传出库清单到 MDS 系统，更新相关资产状态和库房信息，实现 2 个系统信息的数据同步。

（2）入库管理功能：周转仓的入库管理功能包括配送入库、领出未装入库、调拨入库和移库入库 4 种入库方式。MDS 系统发起入库任务，操作员登录周转仓领取工作单，按语音提示将器具放入亮灯指示表位，扫描条形码更新储位信息即可完成入库任务。完成入库任务后，周转仓自动上传入库清单到 MDS 系统，更新相关资产状态和库房信息，实现 2 个系统信息的数据同步。

（3）库存盘点功能。周转仓的库存盘点功能包括周期盘点和强制盘点。周期盘点指的是操作员在 MDS 系统或周转仓操作界面发起相关工单，领取工作单可进行库存盘点。强制盘点指的是非业务状态下，储位实时状态信息与记录的库存信息不一致时，设备语音通知操作员进行强制盘点。

目前，国家电网公司推行的省级计量中心建设，已经在网省公司层级完成了相关设备、系统和体系的建设。各网省的计量中心都已具备一定规模，可以承担本省的计量生产器具和设备的集中检定、集中仓储、统一配送和统一监督的工作。下一步的工作就是要建设辐射各地市、各营业点的三级仓储体系，即省级别的省级计量中心、地市公司级别的二级库房及供电营业点的三级库房。全面满足计量生产的规范性、顺畅化和高效率及体系化。三级库是计量生产三级库房体系的 重要组成环节，是供电所针对其营运区域内计量相关工作进行规范且快速反应的重要技术手段和管理机制。作为三级库中最重要的计量器具存取设备，周转仓具有重要功用。周转仓的建设起到支撑三级库房体系中基层环节的支柱作用。在电能表三级仓储建设模式中，一级仓储采用智能化自动化检定方式，二级仓储需求与仓储统一管控物流化配送，而三级仓储面临着硬件设施与库存监管的不足。需要逐步向自助模式转变，引入智能计量周转仓等设施，进行地市及县局的二级、三级仓储信息管理工作。计量周转仓应用服务全部署在服务端，可解决供电所服务器资源及信息服务能力不足，供电所数量众多等难题，节省硬件资源投资。设备端采用统一加密终端接入模式，便于统一升级维护，保障设备及其信息安全。

智能周转仓库房主要用于计量资产的仓储管理包括计量资产的出库、入库、库存盘点、配送、库存预警等功能。负责和计量中心生产调度平台、营销系统进行交互，生成出入库任务。库房管理人员登录系统接收到作业指令，控制相应的硬件系统完成计量器具的出入库操作，作业完成后将结果反馈给营销系统。管理系统由控制模块、接口模块以及应用平台组成。目前这套系统与营销业务应用系统之间的数据交互，共支持 21 种业务，包括：配送出库、配送入库、新装更换出库、领出未装入库、拆回设备入库、检定/检测出库、初始化入库、移表出/入柜、尾箱返柜、临时借调出库、临时借调返回入库等。

一、出入库管理

出入库管理。计量资产出入库应遵循"先进先出、分类存放、定置管理"的原则。经检定合格的电能表在库房保存时间超过 6 个月以上的，在安装前应检查表计功能、时钟电池、抄表电池等是否正常。

（1）外观验收：省级库房对新购的计量资产应进行外观验收，清点数目，检查产品包装和产品外观质量，对照"送货通知单"与实物进行核实，核实无误后进行抽样验收。抽样验收合格后，该批计量资产正式入库，建立资产档案；抽样验收不合格，该批次电能计量器具退回生产厂家。未达到抽检标准的计量资产批次直接入库。

（2）全检验收：省计量中心对验收合格入库的计量器具进行全检，根据检定结果分别存入合格品区和不合格品区。校验合格的计量资产装箱组盘，扫描入库，将数据读入 MDS 中。不合格品存入不合格区，录入数据，做退厂处理。

（3）设备入库：应保证预入库信息当天录入 MDS 或营销业务应用系统，录入数据应准确无误。电能计量器具应安全、可靠地搬运和交接，交接双方应在单据上签字确认。新计量资产到货后，应按抽检计划安排抽样试验。

（4）入库验收：各级库房在接收配送计量资产时必须进行入库前验收，进行外观检查和信息核对，核对配送单上计量资产的数量、规格、编号范围、到货日期以及所属批次号，同时清点和核对容器数量。验收合格后，进行扫描入库，将计量资产及容器录入资产档案；验收不合格的计量资产立即退回省计量中心配送单位。

（5）在库管理：对换装、拆除、超期、抽检、故障等拆回的暂存电能表作好底码示数核对，保存含有资产编号和电量底码的数码档案，并及时异地备份，及入库操作数据维护。拆回的电能表，按照一定规则有序存放，方便今后查找，至少存放 2 个抄表或电费结算周期。

（6）配置出库：成品计量资产的出库操作。工作人员凭工单、传票对各类成品计量资产配置出库，同时在 MDS 或营销业务应用系统的相应模块做好状态维护，确保计算机数据、台账与实物状态相一致。

（7）复检判定：对于成品计量资产出现外力损坏，各级库房应确定外力损坏原因，发起库存复检流程，确认计量资产是否满足使用要求。如确定无法继续使用，按待报废或返厂维修流程进行处理和移交。

（8）送检报废：资产人员将抽检、超期库存、需检定的疑似故障计量资产作待检定处理和移交，按接收计划送至检定单位重新检定；对废旧计量资产出库操作时，应进行数据维护，并有交接签字记录；对淘汰、烧损的计量资产，按待报废进行处理和移交。

（9）资产调配：需要平级库房间相互调配资产时，应根据调配单对相应的计量资产进行出入库操作。

（一）入库管理

智能表库以周转箱为存储单元，入库流程如下：新表到货后或旧表拆回后人工将周转箱从货车上卸下，人工将确认合格的周转箱放在周转箱传送装置上面，周转箱传送装置将周转箱传送至多层智能感应箱柜机，多层智能感应箱柜机感应到有周转箱放入，且多层智能感应箱柜机有空位，步进马达将带动上升链条，周转箱上升实现自动周转箱堆垛。如果无空位或者系统通知停止接收新周转箱，多层智能感应箱柜机将发出位满信号，不再接收堆垛周转箱，等待其他部件来获取周转箱直至腾空位置。当周转箱堆垛完成后，系统将通知双轨数控横梁式机械手控制系统将五货叉有轨箱柜机移动至多层智能感应箱柜机，当接受到获取周转箱的指令后，五货叉有轨箱柜机会自动伸出五对机械叉，刚好穿过周转箱的提把手，上提机械叉，提起周转箱，进而收缩机械叉，把周转箱收入五货叉有轨箱柜机的柜内，五货叉有轨箱柜机的扫描系统将对电能表进行扫描，把信息传至智能表库管理信息系统，双轨数控横梁式机械手控制系统会把五货叉有轨箱柜机移动至密集柜指定的储存位置前，五货叉有轨箱柜机伸出机械叉，下放机械叉，把周转箱放置在储存位置上，收缩机械叉完成周转箱的移动。

1. 配送入库

在营销系统中制定配送入库任务，营销系统将配送任务实时推送到智能周转仓。

智能周转仓接收营销系统配送入库的工单，进行语音提示"您有新的工单"，并在待办工单信息框显示一条信息。

登录系统后，刷工单条码或者通过待办工单界面，选择需要进行的工单，根据语音提示进行入库操作，根据语音提示和单表柜的亮灯位置，将表计放于亮灯位置，当全部放置完成后，可直接根据语音提示扫描亮绿灯位置的表计，全部扫描完成后自动保存，按语音提示进行入库以及扫描条码操作，如图 6-13～图 6-15 所示。

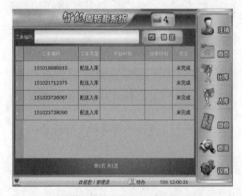

图 6-13　待办工单界面

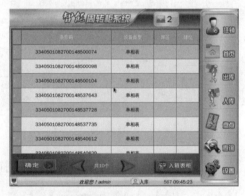

图 6-14　入库界面

图 6-15　扫描条码匹配储位

2. 领出未装入库

（1）领出未装入库：当领出的计量器具在规定时间未安装到现场时，将计量器具存放到周转仓的操作。

（2）领出未装入库包括：有工单未装入库和无工单未装入库。

（3）有工单未装入库：按照配送入库流程入库。

（4）无工单未装入库：登录系统后，在首页，直接扫描计量器具资产条形码，根据语音提示进行入库操作。

3. 入箱表柜

配送入库时，将计量器具入库到单表柜，也可以入到箱表柜中。

根据提示结束单表柜入库操作，点击确定【入箱表柜】按钮直接进行入库到箱表柜，或者单表柜内没有可用储位时直接进入箱表柜入库操作，如图 6-16 和图 6-17 所示。

图 6-16　入库界面　　　　　　　图 6-17　结束入单表柜操作提示

依次扫描计量器具条码，并将设备放到箱表柜中（见图 6-18 和图 6-19）。

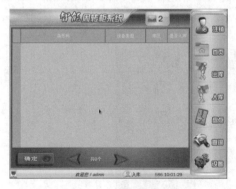

图 6-18　入箱表柜界面　　　　　　图 6-19　箱表柜入库明细界面

4. 拆箱入库

点击菜单栏的【出库】按钮，如图 6-20 所示。

再点击【拆箱入库】按钮，根据语音提示打开箱表柜门，界面列出箱表柜内的资产明细，如图6-21所示。

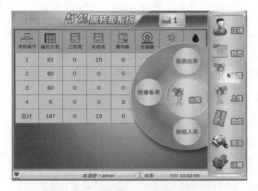

图6-20 拆箱入库选择界面

图6-21 箱表柜计量器具明细界面

系统自动提示开单表柜的有可用储位的门和亮可用储位指示灯，将箱表柜内的资产取出放入单表柜中。

点【确认】结束放表操作，或箱表柜的计量器具全部放到了单表柜中，自动结束放表操作。

根据语音提示扫描设备条形码，扫描完成后将自动保存入库到单表柜操作，如图6-22和图6-23所示。

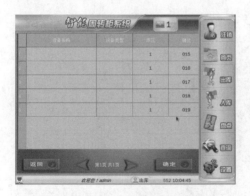

图6-22 自动识别设备条码界面

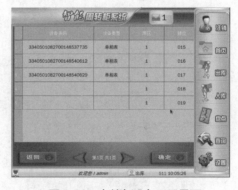

图6-23 存储与设备匹配界面

（二）出库管理

周转仓的入库管理功能包括配送入库、领出未装入库、调拨入库和移库入库4种入库方式。MDS系统发起入库任务，操作员登录周转仓领取工作单，按语音提示将器具放入亮灯指示表位，扫描条形码更新入库任务储位信息即可完成。完成入库任务后，周转仓自动上传入库清单到MDS系统，更新相关资产状态和库房信息，实现2个系统信息的数据同步。

1. 装表出库

营销系统向智能周转仓发送配表出库工单，周转仓自动根据先检先出原则生成待出库明细，并提交给营销系统。

操作员登录周转仓系统，扫描装表出库工单二维码或者点击【待办】工单按钮，点击列表选择出库工单（见图6-24）。

根据周转仓语音提示信息，打开单表柜柜门，并从亮绿灯位置取表进行出库操作，操作完毕后，关上单表柜门，周转仓自动上传出库明细到营销系统（见图6-25）。

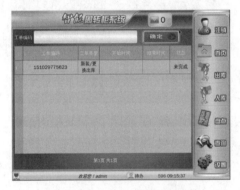

图 6-24　待办工单界面

图 6-25　出库明细界面

或者点击【装表出库】，将列出一条最早的工单明细（见图6-26）。

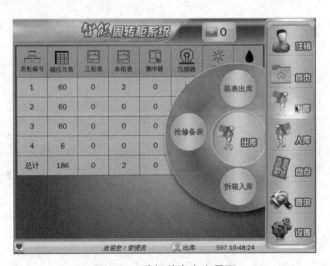

图 6-26　选择装表出库界面

操作步骤同直接扫描工单和点击【信息框】步骤一样。

2. 抢修备表

抢修备表直接在周转仓上完成，无需工作单。

操作员登录周转仓系统，在主页面上点击【出库】功能，弹出界面如图 6-27 所示。

点击【抢修备表】按钮，语音提示扫描抢修箱条码。

扫描完成后，系统自动与营销交互，验证抢修箱以及抢修箱内的表计数量。

验证成功后，系统列出表计类型以及库存量，如图 6-28 所示。

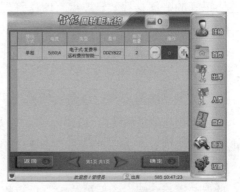

图 6-27 选择出库方式界面　　　　　　　图 6-28 抢修备表界面

操作员通过【+】【−】按钮选择电能表的数量。点击【确定】（若抢修箱内已有表计加上预领的电能表数量超过电能表领出上限为 4 只单相表、2 只三相表，当超过上限时，系统语音提示超过领表上限，可重新选择数量），若符合备表条件，系统根据后检先出的原则，自动生成抢修备表明细，并提示开单表柜门，根据语音提示取出表计，放到抢修中，表计取走，关上门后结束抢修备表操作。系统自动将抢修备表信息同步到营销系统中。

二、库存盘点

周转仓的库存盘点功能包括周期盘点和强制盘点。周期盘点指的是操作员在 MDS 系统或周转仓操作界面发起相关工单，领取工作单可进行库存盘点。强制盘点指的是非业务状态下，储位实时状态信息与记录的库存信息不一致时，设备语音通知操作员进行强制盘点。

营销业务系统按一定周期发起库存盘点任务，生成盘点工单，周转仓根据工单任务信息进行盘点操作，由库房资产人员对电能表进行资产号扫描，与营销业务系统中信息进行比对，核查电能表实物与资产信息是否一致；在检测到周转仓储位与电能表实物不符时，周转仓储位异常报警，由库房资产人员启动主动盘点功能，周转仓获取任务信息，传至营销系统，开启盘点程序，通过扫描电能表资产号进行自动比对。

（一）时限要求

对人工管理模式和采用智能仓储管理模式的库房管理单位，应至少每年对计量资产库房进行一次盘点。

（二）盘点准备

库房管理单位在盘点期间停止各类库房作业，库房盘点至少安排两人同时参与，需指定盘点人和监盘人。盘点人在盘点前应检查当月的各类库存作业数据是否全部入账。对特殊原因无法登记完毕时，应将尚未入账的有关单据统一整理，编制结存调整表，将账面数调整为正确的账面结存数。被盘点库房管理人员应准备"盘点单"，做好库房的整理工作。

（三）现场盘点

盘点人员按照盘点单的内容，对库房计量资产实物进行盘点。资产盘点后，存在以下两种结果：

（1）信息系统内资产信息与实物相同。

（2）实物与信息系统内信息不一致。一是信息系统内无该资产信息，但存在实物资产。二是信息系统内存在该资产信息，但无实物资产。

（四）结果处理

盘点结束后，库房管理单位编制盘点报告，并将盘点结果录入相关信息系统，同时上报归口管理单位。

（1）各级单位库房管理人员将信息系统内无资产信息但存在实物资产的物资调配至应属库房；如无库房信息，各级单位应在 MDS 或营销业务应用系统进行台账调整处理，保证实物与信息系统信息一致。

（2）各级单位库房管理人员应分析实物与信息系统信息不一致的原因，如属物资调配错误的，由各级库房管理人员重新对物资进行库房调配；属于资产丢失的，按照丢失流程处理，需明确相关责任人，确定相应赔偿金额，填写计量资产遗失单，并录入 MDS 或营销业务应用系统。

（3）由营销业务应用系统按一定周期发起盘点任务，对周转仓中的计量器具进行盘点，盘点结果与营销业务应用系统中信息进行比对处理的业务操作。

周期盘点支持扫描工单和输入工单号两种方式：登录后点击【首页】扫描工单或者点击信息框【盘点】工单输入工单号两种方式，如图 6-29 和图 6-30 所示。

图 6-29　待办盘点工单界面

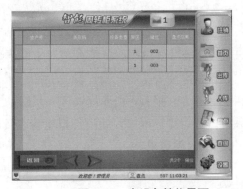

图 6-30　有设备储位界面

根据界面及语音提示,用无线扫描枪进行扫描表计条码进行盘点操作,操作结束按语音提示关门,将盘点结果(体现盘盈、盘亏结果)提交至营销系统上,如图6-31所示。

结束单表柜盘点后将进行箱表柜的盘点,按提示扫描周转箱内的条码,如图6-32所示。

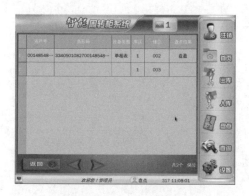

图6-31 自动识别界面

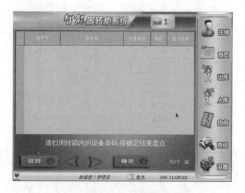

图6-32 盘箱表柜界面

三、批量配表

(一)系统操作流程图

系统操作流程如图6-33所示。

(二)业务说明

低压批量新装、电能表周期轮换流程,当同一流程下待配同一品规表计数量大于批量配表设定阈值〔默认条件为1箱(单相15只,三相5只),若有特殊需求可扩展,最多不超过5箱〕时,由二级库房进行批量配表出库。

配表环节,原则上不允许在营销系统中定向配表。营销系统将配表任务发给表库,表库执行配表出库作业,并将配表明细上传给营销系统,营销系统以地址排序自动匹配计量点。

注意: 该项业务的执行不分智能表库和人工表库,同样要求,同等评价。

(三)跳转条件设置

流程条件配置以服务区为单位,目前低压批量新装、周期轮换两个流程支持批量配表。

(1)地市(县)公司系统管理员,在系统支撑功能≫工作流管理≫流程配置≫流程条件配置中,找到新装、增容及变更用电下的低压批量新装以及计量点管理下的周期检定(轮换)流程。

(2)选中对应的服务区,点击【条件生成】按钮。

(3)点击【组合条件生成】在公共条件列表中找到"手工_三级库房零星配表"和"手工_二级库房批量配表"两个条件,分别配到对应的班组(零星配表对应三级库所在班组,批量配表对应二级库所在班组)。

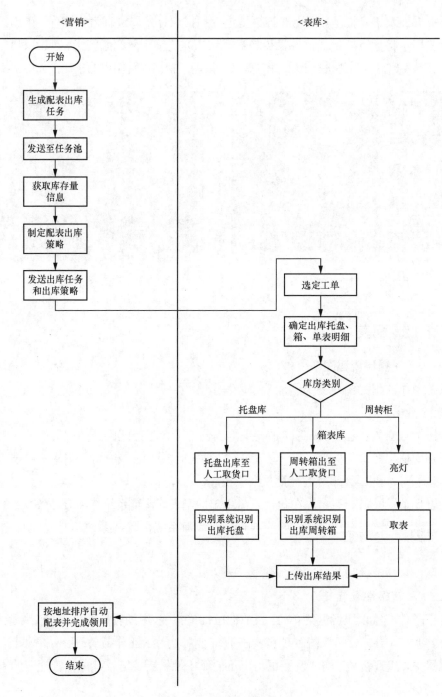

图 6-33　系统操作流程

对于批量配表阈值条件，默认单个流程下同一品规表计大于 1 箱（单相表 15 只、三相表 5 只），若实际需要，可拓展为 2～5 箱，由库房使用单位向管控组提出申请，经审批同意后，给予配置。

（四）操作说明

（1）批量配表环节由二级库房资产人员处理。进入待办工单配表环节，点击【智能表库】按钮，进入智能表库工单池页面。在处理批量配表流程时，按照业务的轻重缓急综合协调把握表源，对配表需求加以审核，对于审核不通过的可将流程回退或者挂起。

（2）进入智能表库工单池，默认会选中当前流程的配表任务，点击【任务分理】按钮，系统会根据需配表的品规、数量获取可用库存信息，确定出库方案，生成出库任务。

（3）确认无误后，在下方作业池中，选中一条记录点击右下方【发送任务】按钮，将配表任务发送给表库。如果作业池中有托盘库、箱表库等多条任务，则需要分别发送。

（4）出入库任务发送后，关闭工单池页面，由托盘库（箱表库）完成出库作业并将出库明细反馈营销系统，营销系统根据返回的资产信息，按照待配计量点地址排序，依次匹配计量点。配表完毕后，点击【发送】按钮，将流程发送至领用环节。

（5）领用环节，申请单位根据实际需要分别打印【计量装接单】和【资产领用单】，实物交接后，点击【领用】按钮，完成领用。

四、储位移库禁用及表记锁定

（一）储位移库禁用管理

1. 禁用储位管理

当储位硬件异常时，进行禁用储位管理，先选择【设置】，如图 6-34 所示。

点击【库位管理】后，打开如图 6-35 所示界面。

图 6-34 设置界面

图 6-35 库位统计界面

然后点击表柜编号，进入储位管理界面，打开如图 6-36 所示界面。

在相应储位上点击，会弹出一个提示框点击【确定】即可禁用该储位，如图 6-37 所示。反之，启用也是一样的操作。

2. 移库管理

按禁用储位操作点击确定后，若原储位上有计量器具，则系统会语音自动提示当前储位表计进行移库处理，按语音提示将表计放置与亮绿灯处自动结束移库操作,完成后会出现移动选定位置的界面，如图 6-38 所示。

图 6-36　储位管理界面

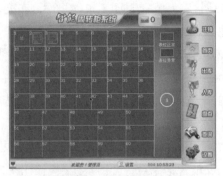

图 6-37　禁用存储界面

图 6-38　储位禁用界面

（二）表计锁定功能

若存在表计损坏、不能装表出库时，可将表计锁定（见图 6-39）。选择【设置】，选择【表计锁定】。

进入设置界面，如图 6-40 所示。

图 6-39　表计锁定界面

图 6-40　设置界面

点击单表柜编号，进入单表柜存储界面，如图 6-41 所示。

点击储位，提示锁定表计如图 6-42 所示。

图 6-41　单表柜存储界面

图 6-42　锁定表计

点击【确认】后锁定该表计，如图 6-43 所示，21 储位表计锁定。

对已锁定的表计，点击对应储位，可以解锁该表计，如图 6-44 所示。

图 6-43　锁定表计

图 6-44　解锁界面

解锁后，表计恢复正常，如图 6-45 所示。

图 6-45　解锁界面

智能周转仓的普及、应用有效提升了计量资产末端管理水平，初步实现电能计量设备分散布点库房实施智能化、精益化管理的目标。促进二、三级库房之间的统一协调管理，计量资产初步实现可控、在控要求，有效提升电能计量设备全寿命周期管理水平。

第七章　智能高压互感器仓库

第一节　智能高压互感器仓软硬件设备

在当今智能科技的飞速发展下，智能化已经深刻改变了各行各业，包括仓储物流领域。当谈到智能高压互感器仓库的软硬件设备时，不仅仅是简单地引入了新技术，更是引发了一场革命性的变革，彻底改变了电力行业的仓储物流方式。这些智能设备的引入，不仅提升了仓储效率和管理精度，还在很大程度上改善了员工的工作环境，减小了劳动强度。智能高压互感器仓库作为电力行业不可或缺的一环，更是在软硬件设备方面取得了重大突破。本章将重点介绍高压互感器智能托盘、智能输送车以及智能高压互感器仓库管理系统这三个方面的仓库设备，介绍它们在计量业务中的应用，并分析了智其对提升仓储效率和管理精度方面所发挥的作用。

一、智能高压互感器智能托盘

（一）简介

托盘，是用于集装、堆放、搬运和运输的放置作为单元负荷的货物和制品的水平平台装置，在很多人眼中，它们只不过是个"置物架"，但托盘的意义远不止于此。作为现代物流行业最基础、离货最近的物流单元，托盘的应用场景广泛，是物流运作过程中重要的装卸、储存和运输设备。

现有的仓储用托盘多为 1.5m×1.5m 以上的大型托盘，当堆放货物大小不一并且重量极大、仓储空间狭小复杂时，大型托盘会因为堆放物体过重、搬运过程中托盘发生扭曲等，使得货物掉落、空间狭小无法移动、只需取出某件物品却因托盘上物品堆放过多无法单独取出、无法按照货物的大小提供适宜面积的托盘等情况时有发生。为克服现有的技术不足，此次使用结构简单、使用方便、通过托盘拼接的方式能够按照货物大小提供适宜面积的可拆分运输存放用托盘。

（二）分类

高压互感器智能托盘可应用在多个方面。首先，在高压互感器仓库内部，智能托盘可以用于货物的存储、分拣和运输。在货物入库时，智能托盘可以自动将货物运送到指定的存储位置，根据系统的指令进行定位。而在货物出库时，智能托盘同样能够智能地将货物从存储位置取出，并将其送往出库区域，为后续的物流运输做好准备。

其次，高压互感器智能托盘还可以应用于货物的分拣过程。在传统的人工分拣过程中，容易出现错误和延误。而引入智能托盘后，分拣过程变得更加准确和高效。系统可以根据货物的属性和目的地，智能地安排托盘的运动轨迹，将货物从存放区域精准地分拣至指定的目标区域，大大提高了分拣的精度和速度。

此外，高压互感器智能托盘还可以应用于货物的运输。在仓库内部，货物需要从一个区域运输到另一个区域，这时智能托盘可以扮演载体的角色，自主地完成货物的运输任务。智能托盘可以通过与仓库管理系统的通信，获取运输任务的信息，根据指令智能地规划路径，避开障碍物，将货物送达目的地。

（三）特点

高压互感器智能托盘作为智能仓库的基础装备，它是物流周转中最不起眼，却又无处不在的一种物流工具，是静态货物转变为动态货物的主要手段。而在供电局的仓储系统中，使用的新型托盘具备着以下显著特点：

（1）便于连接。设计便于托盘之间的拼接，使得大批量的互感器可以方便地进行移动，以满足不同尺寸互感器的装载需求。

（2）绝缘性能。连接件和工装板采用工程塑料，具有高绝缘性与高强度。脚轮不与地面接触的支架及螺栓等为金属件，与地面接触的轮子为工程塑料或塑胶，具有高绝缘性，噪音小等特点，确保在电力系统中的安全使用。

（3）便捷移动。配备万向轮，使互感器托盘易于移动，以满足互感器在不同位置之间的灵活调整需求。

（4）带刹车功能。配备刹车装置，确保在需要静止状态时，互感器托盘能够保持稳定状态，避免意外滑动。

（5）简便操作。采用拖杆操作方式，使用起来简单便捷，提高了操作效率。

（四）结构

托盘为四方形平板状，其底部设有可在地面上移动的万向轮。值得特别指出的是，该托盘的顶部设有用于容纳万向轮的凹槽。在托盘的一侧底部，连接着一根拉杆。另外，该托盘的其他三个侧边中的至少一侧，分别装备了连接扣环以及相应的连接扣。

在托盘的一侧底部中央，设有一个扣孔。拉杆的底端配备了与扣孔相配合的扣角。连接扣环的后端连接在托盘一侧边上的扣环座上，该扣环座能够被扳动，从而实现对连接扣环的拉紧作用。连接扣环的前端能够与相邻托盘的一侧边上的相应连接扣进行连接。这增强了托盘的移动性和连接性，以更好地适应物流和运输领域的需求。

（五）操作方式

托盘在整个流程中担负着装载、运输和储存高压互感器的关键角色。一旦用户的高压互感器送达供电所，初始操作由工作人员完成一键设置后，空的托盘将通过传送带自动从库存中取出。随后，这些空托盘将由工作人员置于升降平台小车上，用于进行人工互感器的装盘。从入库环节，到后续的检测和最终出库阶段，整个过程中，托盘始终负责着高压互感器的稳定运输和储存。一旦出库完成，空托盘会被自动送回库存区，为后续使用做好准备。这一系列操作流程明确地展示了托盘在高压互感器的运输管理中的重要作用。

（六）注意事项

（1）尽管出入库流程的自动化程度已大大提高，托盘仍需要一定的人工协助，工作人员需要确保及时将托盘放置到升降台小车上。其次，托盘经过设计能够载重量更大，但是在运输过程中仍要注意避免发生互感器侧滑、侧翻等异常现象，在运输过程中要特别注意互感器托盘与地面的角度问题。

（2）由于托盘的材质特性，长时间的运输和装载过程可能导致一定程度的磨损和损耗。因此，负责的工作人员有责任定期检查库存区的托盘情况，进行维护和更换工作，以保障托盘的正常使用状态。这种维护措施不仅可以延长托盘的使用寿命，还能够提高托盘在物流流程中的效率和可靠性。

（3）高压互感器智能托盘的引入提高了货物流转储存的效率和便捷性，将推动着电力行业朝着更加智能化、高效化的方向发展。通过不断的创新和应用，智能托盘必将在未来的发展中发挥更加重要的作用，为电力行业的仓储物流注入新的活力和动力。

二、智能高压互感器智能输送车

如果说智能托盘是运输过程中的基础工具，那么智能输送车是智能高压互感器仓库物流运输过程中的关键环节。传统的物流输送车往往需要人工操作，效率低下且容易出错。高压互感器智能输送车通过引入自动导航和控制技术，实现了智能化的运输和调度，进一步提升了物流效率和精度。它不再是传统物流车辆的简单替代，而是将自动化、导航和信息技术融合，成为仓库内物流运输的智能化代表。

（一）简介

随着电力系统的迅速发展，用户的互感器种类增多、数量上升，对此传统的粗放的仓储管理模式难以实现精准化管理。再加上劳动力和土地成本的不断上升，仓储的自动化和智能化也随之出现。近年来，市场上也逐渐推出了多款机器人与解决方案，其中堆垛机立体库作为托盘式自动化立体库的主流仓储模式，也越来越受到广泛关注与应用。

输送车作为立体库的主要外围设备，是货物和仓库之间的连接纽带。从提升机到 AGV 小车，这些自动化的输送车保证与仓库 100%集成，以优化互感器的输送流。

（二）结构

高压互感器智能输送车分为提升机、堆垛机和 AGV 小车，由三者接力共同完成货物运输、出入库和送检的全部流程。

（1）提升机：由双链条带动，通过变频调速控制电机，提升轿厢上下往复运动，相关配置的传动机构使托盘自动进入预定轨道，如图 7-1 所示。

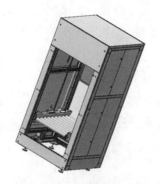

图 7-1　提升机

（2）堆垛机：主要作用于立体仓库的巷道内来回运行，将位于等待入库区的互感器存入货架的货格中，或者取出货格内的货物运送到巷道口。通过机械结构的配合，可实现载货台在巷道内进行空间三坐标方向的自由运动，堆垛机和货架立面如图 7-2 所示。

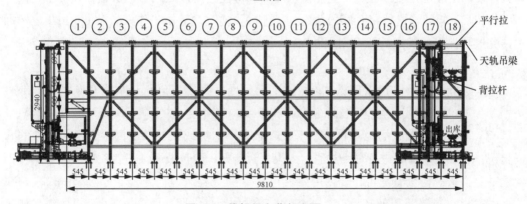

图 7-2　堆垛机和货架立面

（3）AGV 小车：装备有二维码导航方式，能够沿规定的导引路径行驶，具有安全保护以及各种移载功能的运输车。AGV 小车可以根据设定的站点运输互感器，进行往复运动，通过磁条导引识别地标，进行选择性站点停靠，如图 7-3 所示。

图 7-3　AGV 小车

（三）特点

高压互感器智能输送车作为智能物流领域的关键环节，拥有多项令人瞩目的特点。首先，它采用了先进的导航技术，实现了自主导航和路径规划。借助二维码等导航方式，智能输送车能够准确地感知周围环境，避开障碍物，规划出最优的运输路径。这使得智能输送车能够在仓库内有固定行走路线，为互感器运输提供了高效的基础支持。

其次，高压互感器智能输送车有效地节省了空间，提升了自动化程度。从提升机到堆垛机，上下双层的输送线，双层输送线在现有基础上进行改造，在下方输送线上增加一层输送线作为托盘输送以及暂存区域，提升机内部配置传感器检测是否存在托盘，取出托盘后自动补送托盘，其余空托盘存放在立库中。

此外，高压互感器智能输送车有利于达成互感器的全自动化闭环检定流程。智能输送车确保了输送自动化，以确保其长时间的持续运行。这种自动化的输送方式减少了人工干预，提高了互感器运输和送检的运行稳定性和可靠性。

（四）操作方式

（1）提升机：自动化操作，并配置多种安全装置，提升负载为 150kg，提升速度为 0.5m/s，滚筒式输送，提升高度为 650mm。

（2）堆垛机：全自动，搭配双拉伸货架，采用自动控制装置进行控制，可以进行自动寻址、自动装卸货物。堆垛机负载 150kg，水平速度为 120m/min。

（3）AGV 小车：当互感器有入库任务时，AGV 小车在托架上取出空托盘放置在接驳口处，进行出库空托盘的任务，空托盘出库后，将互感器按照限位柱放置在托盘上，按下入库按钮后，辊筒输送线将互感器输送到工作人员边上之后由工作人员贴上 RFID 电子标签，完成与托盘的绑定后即可完成入库。

（五）注意事项

（1）提升机：及时检查托盘状态，是否有钉子等异物，确认托盘没有倾倒、底部有足够摩擦力、托盘规则无影响输送额突出和破损。

（2）堆垛机：检查场地是否有不平处，若有用木块或铁板垫平；检查各零部件的紧固情况；对规定润滑处进行仔细检查，效果是否良好；检查液压油是否充足；检查所有钢丝绳的磨损情况，查看是否符合使用要求。

（3）AGV 小车：不要超载，否则会影响正常使用；定期清理车体灰尘和杂物，保持干净卫生；在小车工作时，不要在其两侧进行其他工作，以免发生事故；工作完毕后，检查各零部件是否正常；如果工作时发生异常，应及时通知技术人员分析解决问题；注意日常维护和保养，可以给驱动轮添加一些润滑油，增加使用寿命；AGV 小车涉及精密仪器和零部件，不要让其淋雨或接触到腐蚀性物体。

综上所述，智能输送车在高压互感器仓库内的运输过程中，不仅能够减少人工操作，降低了人力成本，还能够减少搬运和运输时间，提高了货物周转率。这对于仓库的整体运作效率和管理精度都具有重要意义。

三、智能高压互感器仓库管理系统

智能高压互感器仓库管理系统是智能化仓储的核心,它将传感技术、信息技术和自动化控制相结合,实现了对仓库内物流过程的全面监控和调度。它不仅简化了仓库运营,提高了工作效率,更通过信息技术的应用,使仓库管理变得更加精细化和智能化。

(一)简介

仓库管理系统是一套具有资产管理、信息展示、系统运行操作、工作计划等功能的上位机管理软件。通过智能仓储管理系统的建设,实现物资自动生命周期管理、自动库存下限预警、自动呆滞物料管理、自动工器具检验日期管理等功能,并自动对接省公司各管理平台上传仓库领料信息、库存预警、自动补库申请,定期自动生成统计数据报表,对紧缺、到期物资及时发出预警。

(二)特点

管理系统综合了远程操作、监控、数据存储、采购供应管理、检定计划和人员排班等功能,为用户提供了强大的工具,以优化管理过程、提高生产效率。其关键特点如下:

(1)远程操作功能。具备远程操作系统的能力,实现远程启停、参数调整等操作,为系统运行提供了便捷性和灵活性。

(2)远程监控状态。能够实时监控系统的运行状态,让用户随时了解设备、系统的工作状况,为及时决策提供支持。

(3)存储状态数据。实时采集和存储系统的状态数据,为数据分析和报告生成提供了基础,支持更深入的业务分析。

(4)互感器采购与供应管理。包含了中高压互感器的采购和供应管理功能,助力用户更好地管理供应链、提高采购效率。

(5)互感器检定计划。提供中高压互感器的检定计划功能,支持预定维护计划、提前预警潜在问题。

(6)人员排班。提供人员排班等额外的扩展功能,以满足客户的特定需求,提高人员管理效率。

(三)结构

仓储管理系统主要由核心机柜模块、人员进出管理模块、环境控制模块和视频监控模块、表计模块等组成,在供电所配置服务器 1 台、防火墙 1 套、边缘物联终端 2 套、RFID通道 1 套、货架供电电源 2 个、POE 交换机 1 台、机柜 1 个、嵌入式配电箱 1 个、显示器 1 台、音箱 4 只、功放 1 台、双层小推车 3 个、标签打印机 1 台、含除湿机 2 台、温/湿度环境控制主机 1 个、环境控制屏 1 个、温/湿度环境监测仪 2 套、智能灯光控制模块 1套、智能人体感应球 9 套、含人员通道管理左机 1 台、人员通道管理中机 1 台、人员通道管理右机 1 台、智能云门禁 3 套、明眸配件 3 个、千兆工业交换机 2 台、网络摄像机 12 台、硬盘录像机 1 台、监控机硬盘 3 个、整箱智能表计柜主柜 1 个副柜 1 个、智能表计开放式货架 1 个、表计标注设备 2 个等设备，实现仓储数据的实时准确计量、人脸识别进出、出库入库自助操作、仓内环境实时监测等功能，增加数据节点之间的联系，实现对工单、人员、库存、物资出入、工器具、表记领用情况的实时透明管控，不断提升库房智能化的整体能力，帮助供电所简化仓库人员的操作步骤，以降低仓储实操的失误率，提高作业效率。

（四）操作方式

仓储管理系统通过设置在机房机柜中的服务器主机对接某省公司数智化管理平台（中间设置防火墙），通过数据聚合、分析、统计进行集中可视化展示，实现数据自动抓取、流程自动管理、工单自动提交、问题实时告警等特色功能，从而提升仓储智能化管理水平。

（五）注意事项

智能高压互感器仓库管理系统还具备故障诊断和设备维护的功能。在智能仓库内，涉及的设备和系统较多，一旦出现故障可能会影响整个仓库的正常运行。一旦发现异常，系统会自动发送警报通知维护人员。维护人员应及时介入系统，集中查看故障信息，并做出相应的处理。例如：在检测过程中，工作人员若发现互感器在检测过程中出现问题，按下检测未完成按钮，AGV 小车将互感器运输至问题待处理区，以待问题处理。

数据安全和隐私保护也是一个重要问题。智能高压互感器仓库涉及大量的数据，包括货物信息、员工信息等。这些数据如果遭到泄露或被恶意篡改，将对供电系统造成严重的损失。因此，要保护好敏感信息，确保数据的安全性和完整性。

总而言之，智能高压互感器仓库软硬件设备的创新应用，极大地改善了仓储物流领域的运作方式。高压互感器智能托盘、智能输送车和仓库管理系统的引入，提升了仓储效率和管理精度，为电力行业带来了更高的效益和竞争优势。虽然在应用过程中面临一些技术难题和挑战，但随着技术的不断进步，智能高压互感器仓库的未来发展前景将更加广阔。电力行业将会不断探索和创新，推动智能仓库的发展，实现更高水平的物流管理和服务质量。

第二节　智能高压互感器仓库计量业务应用

智能高压互感器仓库业务流程分为仓库应用设计、入库、送检和出库。入库作业主要的业务流程为仓库接收到送检通知单，客户将互感器运抵仓库，仓库员工指引到空闲的月台进行卸货，并分类码货，货物分为散货与托盘货物，员工线下清点互感器，打印互感器标签后贴标然后通过 RFID 扫码入库，互感器在收货区的状态为待上架。

质检上架作业的主要业务流程为管理人员将货物分为免质检和待质检货物,将待质检货物单给员工,员工根据互感器进行外观检查并登记合格与否,合格的待质检互感器才能上架,不合格的互感器进行退回处理。

上架由管理人员根据库房管理系统分配进行上架,货物放置在仓库对应库区的货架,状态为已上架。

出库作业的主要业务流程为客户按取货单取货,仓库员工核对取货单,并进行互感器出库任务,复核出库互感器单据与实物一致,运送到备货库位,互感器在备货区,状态为待发运。

客户确认收货后,互感器在物流车上,状态为已出库。互感器从入库到出库的整个业务流程就结束了。下面分别从仓库建设、出入库管理和智能送检三块主要业务进行功能介绍。

一、仓库计量业务应用设计方案

仓储管理系统的初步建设及部署,推动了整个互感器检定流程的自动化、信息化,且与现有电力营销业务应用系统、互感器测量系统稳定联结,对原始业务管理模式存在的问题有了一定的改善。但目前该管理系统只针对 10kV 互感器展开检定仓储设计,由于 35kV 及以上互感器体积重量大、规格型号多样化,现有货架、托盘及 AGV 运输装置无法满足此类互感器的仓储、传输自动化,且所有互感器检定均采用人工介入检测模式,由人工进行接拆线,存在较大安全隐患,不利于达成所有互感器的全自动化闭环检定流程。

(一)方案简介

互感器仓库的总体建设方案储量如下,存放 10kV 高压互感器的数量为 568 可放托盘数量为 284 个,根据目前场地空余,可放 35kV 高压互感器托架 26 个,可放 35kV 高压互感器 26 个,整体方案的布局示意图如图 7-4 所示。

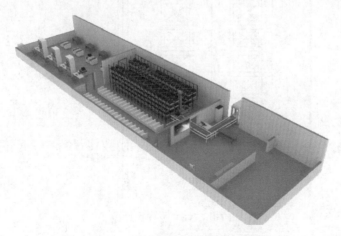

图 7-4 仓库整体方案布局示意图

智能高压互感器仓库布局分为三块区域，最外侧为装卸区，中间为货架存放区，最内侧为智能检测区。装卸区负责高压互感器的接收，发货，以及出入库；货架区存放区包括立体货架存放 10kV 互感器和 AGV 平库存放 35kV 非标准高压互感器；智能检测区与货架区搭配完成互感器自动化检定流程。

1. AGV 平库

在货架存放区，基于传统的立体货架基础上，为了适应互感器仓库的特异性，增加了 AGV 平库。即在 10kV 互感器库房的空地增加一套 AGV 平库用于存放 35kV 非标准高压互感器，承载形式为托架承载，单个托架放置单个 35kV 高压互感器。依旧采用托盘的形式承载高压互感器，托盘的大小为 750mm×500mm，存放一层互感器，在无互感器时放置空托盘在托架上，原有的拆叠盘机移开作为 35kV 互感器的接驳口。AGV 平库设计图如图 7-5 所示，托架总共设置为 26 个单层托架。AGV 平库内增加一台 AGV 小车，新增 AGV 路线作为非标准互感器的运输，35kV 互感器入库时 AGV 小车在接驳口处伸出货叉将托盘以及互感器取出，放置在托架上。

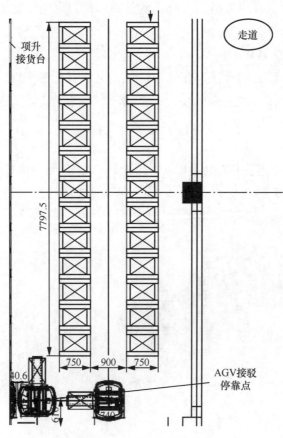

图 7-5　AGV 平库设计图

2. 前端输送线设计

改造传统的输送线，将库前区输送线部分改为双层输送线。双层输送线在现有基础上进行改进，在下方输送线上增加一层输送线作为托盘输送以及暂存区域，提升机内部配置传感器检测是否存在托盘，取出托盘后自动补送托盘，其余空托盘存放在立库中。双层输送线设计图如图 7-6 所示。

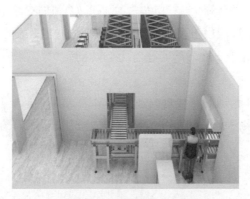

图 7-6　双层输送线设计图

（二）场地基建

货车接送货区域场地需要基建的部分为：在窗户部分打孔，打孔的尺寸为 1.1m（宽）×1.8m（高），在墙外的部分需要拆除部分花坛，下水道处需垫上钢板增大平均驻点载荷，在提升机外侧露天部分新建一个阳光房遮雨棚，如图 7-7 所示。

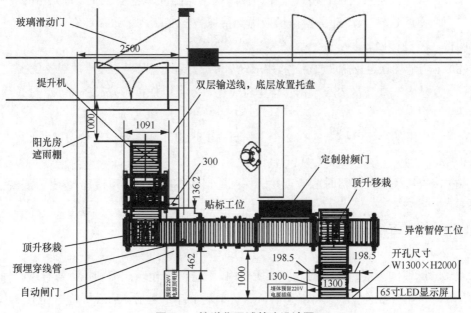

图 7-7　接送货区域基建设计图

人员的办公位置设置到上图所示的贴标工位上，只需对底层的入库口的互感器进行贴标处理和撕掉标签处理，在输送线增加 RFID 支架对互感器进行直接读取处理，可减少人工扫标签环节，减少工作时间。

1. 检定区域设计

在互感器仓储系统建设时，如果 AGV 路线设计的较为复杂，则送货效率较慢，所以现对墙体部分进行规划，将墙体向左拓宽，打通货架存放区到智能检测区的路线，使得 AGV 车可进行直线取放货，由于互感器电子标签方向一致，到智能检测区需要调转方向进行识别，所以需要再设置一个转弯点进行方向转向。

2. 平库接驳

立体货架区的 AGV 输送的路线为一条直线输送，设计 35kV 互感器 AGV 的输送路线与互感器智能检测区的输送路线进行接驳，使智能检测区由同一辆 AGV 小车进行运输取货以及放货。

二、出入库管理

（一）出入库管理步骤

为规范高压互感器的出入库管理，确保设备的安全、准确、完整流通，提高管理效率和设备利用率，保证高压互感器在出/入库过程中账物一致，满足省公司相关规范工作要求，出入库管理按以下步骤开展。

（1）设备高压互感器配送出/入库时应认真检查互感器状态，核对实物与营销系统类型，参数，数量，确保资产合格、账物一致。互感器出入库管理遵循先进先出的原则。

（2）所有配送出/入库业务操作均应由交接双方核实账物一致后，在交接单上签字，一式两份，各自存档。

（3）在互感器搬运及托盘放置过程中应轻拿轻放，避免摔坏或过度震动造成互感器失准。

（4）互感器在周转区内应根据管理单位分区、分类以托盘形式整齐堆放，保持库房环境整洁有序。

（5）已出库的高压互感器应在 2 个工作日内配送出库或由管理单位自取，不得在周转区域积压。

（6）接收待校验互感器时应检查并确保互感器接线端螺丝、短接片等条件满足实验室检定要求。

（二）10kV 互感器出入库

1. 入库

双层输送线的上层作为进出互感器所使用，下层作为输送托盘和托盘暂存缓存输送线体，入库时，互感器送检厂家将互感器从送货车辆上卸下之后，从底层输送线上取出空托盘，将互感器按照托盘上的限位柱放置互感器，互感器的铭牌方向对准工作人员方向，按下入库按钮,辊筒输送线将互感器送到工作人员侧边后由人工贴上 RFID 电子标签,然后由设备扫描电子标签将互感器与托盘绑定后生成资产编号,如图 7-8 所示。完成入库操作后辊筒输送线将互感器运输到与堆垛机接驳口,堆垛机取货存储。

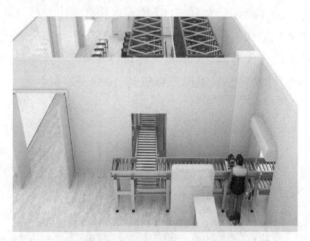

图 7-8 入库贴 RFID 电子标签

2. 出库

出库时,工作人员发送出库指令,堆垛机将指定互感器从货架中取出,由工作人员进行出库登记,辊筒线将互感器输送至提升机中,提升机将高度降低后送检人员将互感器取出,空托盘放置缓存区,完成所有的取货任务之后将托盘进行回库操作。堆垛机将检测完成的互感器送上输送线,然后设备扫描 RFID 电子标签,解除互感器与托盘绑定关系,再由人工撕掉电子标签,进行出库。堆垛机将检测完成的互感器出库示意图如图 7-9 所示。

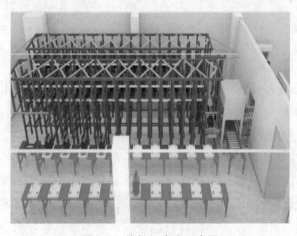

图 7-9 堆垛机出库示意图

（三）35kV 互感器出入库

1. 入库

当 35kV 非标准高压互感器有入库任务时，AGV 小车在托架上取出空托盘放置在接驳口处，进行出库空托盘的任务，如图 7-10 所示。空托盘出库后，将互感器按照限位柱放置在托盘上，按下入库按钮后，辊筒输送线将互感器输送到工作人员边上之后由工作人员贴上 RFID 电子标签，完成与托盘的绑定后即可完成入库。入库经过输送线，仍由运输空托盘的 AGV 小车将入库的 35kV 互感器存放到 AGV 平库中。

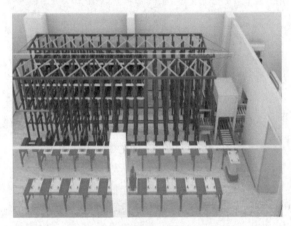

图 7-10　35kV 互感器 AGV 小车出库空托盘

2. 出库

非标准互感器出库有出库任务后，AGV 小车将托架上需要出库的互感器出库放置在接驳口上，在出库口处由提升机放置在较低水平的位置上，抬高到上层输送线，进行传输，同样的设备扫描 RFID 标签解除托盘与互感器绑定，然后人工撕掉电子标签，在取走互感器后托盘回库。

三、智能送检

互感器的检定通过本智能高压互感器仓库系统实现，采用全自动化的智能送检方式进行。仓库的设计把智能仓储和实验检定台区融合，方便自动化检定的实现，从图 7-11 中可以看到，仓库最内侧是自动化检定台体区域，配有多个互感器检定台，根据互感器不同类型，以及互感器检定数量需要可以自由增加检定台体数量，提高检定效率；检定台体采用全封闭的模块化设计，因此方便增加检定台数量。这一系统的特点之一是智能化的送检方式，操作人员仅需在电脑上发起检定任务，系统便会自动触发相应的流程。互感器被自动化的堆垛机取出，放到货架待检测位置，智能送入检定台进行检定。检定台体区域采用全封闭的模块化设计，为检定过程提供稳定的环境，确保检定数据的准确性。

每个检定台都配备了必要的仪器设备，以满足不同互感器的检定需求，同时确保检定的自动化实现。

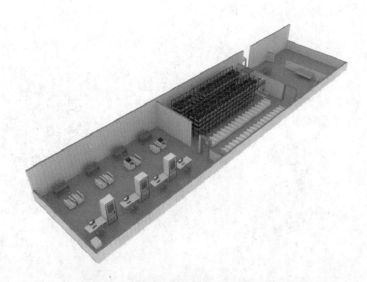

图 7-11　智能高压互感器仓库整体布局图

仓库中间是货架存放区，用于存放互感器，智能检测的 AGV 小车与货架的堆垛机联合作用能分类取出待检互感器，并送入相应检定台。检定台内设有机械臂，能够根据预先设定方案，进行全自动化的互感器检定接线，此外为了提高接线准确率还采用了图像识别技术对互感器一二次侧的接线端子位置进行确认，实时修正机械臂位置。

整体的互感器检定过程经过高度智能化的系统支持，保证了高效的操作和准确的检测结果，以下将详细介绍整个流程：

（1）在检定系统中，工作人员首先发送检测任务，将待检测的互感器信息输入系统中。系统接收任务后，由堆垛机负责将互感器取出，并放置在取货口。

（2）随后，AGV 小车介入，将托盘从取货口处取出，将其运送到相应的检测台上。

（3）在检测台上，检验人员根据互感器的型号选择相应的检测方案。系统可能事先设定了一系列不同型号互感器的标准检测流程，以确保每个型号的互感器都能得到准确的检测。

（4）检验人员按照选择的检测方案，对互感器进行检测。检测可能涵盖电性能、外观质量、安全性等方面，以确保互感器的功能和性能达到标准要求。

（5）检验人员完成检测后，系统可能会生成一份详细的检测报告，其中包括检测结果、互感器状态、是否合格等信息。

（6）互感器检测完成之后按下检测在检测台上的检测完成按钮，AGV 小车将检测完成的互感器放入货架取货口处，由垛机将互感器放入至货架中，待出库。

（7）如果工作人员发现互感器在检测过程中出现问题，按下检测未完成按钮，AGV小车将互感器运输至问题待处理区，以待问题处理。

智能送检流程示意图如图 7-12 所示。

图 7-12　智能送检流程示意图

通过整个流程，高度智能化的系统实现了互感器的高效检定。从任务下达、物料取放、检测到数据处理，系统的协同工作保证了检定的高准确性和高效率。这一智能化的互感器检定流程在确保产品质量的同时，也为公司的生产和管理带来了明显的优势。

智能互感器仓库系统融合了多项创新功能特点。采用全封闭模块化设计，包括自动仓储模块和自动检测模块，充分满足不同规模的检定需求。实现自动识别、自动拆接线、自动定位功能，确保互感器的自动驳接、身份识别、上下料、拆接线、预防性试验、误差检定、分拣和输送控制。同时，以先进的以太网架构为基础，达到控制自动化、信息网络化、检测无人化。具体如下：

（1）全封闭模块化设计。全封闭模块化设计是智能互感器仓库系统的核心，分为自动仓储模块和自动检测模块，彰显了其卓越的功能特点。这一设计不仅为高效的互感器送检业务提供了坚实基础，还为应对不断变化的检定规模和业务需求提供了极大的灵活性与扩展性。

自动仓储模块旨在实现互感器的高效存储与取放。通过自动化堆垛机，系统能够准确地将互感器放置在取货口，为后续的送检流程做好准备。同时，这一模块的设计以扩展性为导向，可以随着检定规模的变化而自由增加各功能模块，为仓库系统的进一步优化和升级提供了便利。

自动检测模块则致力于实现互感器送检的智能化。通过自动化的 AGV 小车，托盘从取货口被取出并运送到相应的检测台上，为检验人员的操作提供了高度的便利。这一模块与自动仓储模块紧密衔接，使互感器的送检流程连贯而高效。系统能够自动识别互感器、自动拆接线、自动定位，从而实现互感器的自动驳接、身份识别、上下料、拆接线、预防性试验、误差检定等一系列功能。

（2）自动识别、自动拆接线、自动定位。智能互感器仓库系统的核心特点之一在于其自动识别、自动拆接线和自动定位功能。这些创新功能的融合，使系统在实现互感器送检的全面自动化过程中达到了高度的效率和准确性。

系统的自动化功能不仅实现了与智能仓储模块的无缝驳接，而且还将互感器送检过程从多个环节中解放出来。互感器自动驳接、身份识别、上下料、拆接线、预防性试验、误差检定、分拣和输送控制等功能，无需人为干预，实现了送检全流程的自动化。

电气控制方面采用先进的以太网架构布局，使系统能够全面达到控制自动化、信息网络化和检测无人化。这种架构的应用为系统的高效运行和智能化管理提供了坚实的支持。

在互感器送检过程中，系统能够对不同品规、不同电压等级的电压电流互感器进行自动接线。其高度自动化的特点确保了接线的安全可靠性，有效提升了生产效率和操作安全。

为了进一步提高互感器接线的准确率，系统采用了图像纠偏技术。通过对互感器一、二次接线端位置进行图像识别，系统能够校正机械手接线时的坐标偏差，从而降低了对互感器定位精度的要求。这一技术的应用，不仅优化了送检过程中的精确性，还提升了互感器接线的可靠性和稳定性。

（3）自动检定。智能互感器仓库系统的自动检定功能是保障送检过程高效性与精确性的重要支撑。该系统能够自动进行检定，特别适用于35kV及以下的单绝缘、双绝缘电压互感器，以及2000A及以下的高压电流互感器。

在高压互感器的耐压试验中，系统展现出其高度自动化的优势。面对单绝缘和双绝缘互感器的不同试验方法，系统能够自动转换接线方法并调节电源频率，以满足不同试验要求。这种自动调整的能力，不仅简化了操作人员的任务，还提升了检定过程的效率和准确性。

通过自动检定功能，系统能够在高效的时间内对不同类型的互感器进行全面检测。这种自动化的检定流程，有效避免了人工操作可能引发的误差，并确保了检定结果的可靠性。同时，自动检定功能也能够提高检定的一致性，保证了相同类型互感器在不同时间内的一致性测试结果。

（4）实时保护、分类报警提示。能对各种故障的原因自动进行分析并提出解决方案，根据不同情况分不同等级进行报警提示以帮助维护人员排除故障。

检定系统从保护设备、保护人员的角度出发设计有放电保护、试验区域隔离、设备隔离保护、试验前自动接线检测、试验全程监控等多层安全保护措施。

检定系统各功能模块均设计有防护罩，防护罩采用透明亚克力板既美观整洁又使高压测试与参观通道有效隔离，使测试环境更加安全可靠。

（5）试验项目。

1）工频耐压试验，最高电压 72kV；

2）感应耐压试验（对于单绝缘电压互感器，最高电压 72kV）；

3）开路电压试验（对于电流互感器，最高峰值电压 5000V）；

4）绝缘电阻试验（最高试验电压 2500V）；

5）基本误差试验/自动退磁；

6）150%磁裕度试验（电流互感器）；

7）剩磁误差试验。

通过以上仓库的特点按照检定规程预设检定项目，从而完成了仓库自动化送检业务功能的实现。

第八章 典型案例

第一节 现 状 分 析

在当今快速发展的电力产业背景下，国家积极推动绿色能源发展，实施智能电网建设等政策，为电力公司提供了前所未有的发展机遇。在这一背景下，资产仓储管理作为一项内部流程，不仅可以确保电力设备和物资的妥善保管，还能够提高运营效率，降低运营成本，进一步推动我国电力产业的创新升级与可持续发展。资产智能仓储管理作为一个高效、可靠且环保的仓储管理体系，为电力公司的发展提供了强有力的支持。

然而，与这些进展并存的是一些亟待解决的问题。

一、批量配表

尽管批量配表效率已经取得了显著的提升，但在日益快速变化的市场需求背景下，进一步优化配表流程显得尤为重要。这一优化的目标不仅仅是为了提高效率，更是为了确保能够更加快速、更加准确地响应市场的变化和客户的需求。

二、表库故障

尽管智能箱表库配送出入库故障率已经得到一定程度的降低，但必须认识到月均故障率正呈现上升的趋势，这一现象需要引起我们的高度重视。在这个快速变化的技术和市场环境下，保障资产系统的稳定供应是至关重要的，因此必须采取进一步的措施来加强配送出入库系统的稳定性。

三、报废处置

在智能仓储体系下报废表计处置效率虽然已有明显提升，但仍需探索如何进一步缩短处置时间，优化处置流程，防止报废表计处置环节造成的液晶流出，以更好地践行绿色环保理念。

作为电能表全寿命管理的末端环节，报废处置承担着极其重要的职责：它不仅需要防止报废电能表重新进入市场，造成管理和市场的混乱，还需确保整个电力系统的稳定运行。

资产班组智能仓储管理团队积极探索创新方法和技术，不断优化运营管理策略。通过持续的努力和技术创新，能够进一步提升配表效率、降低配送故障率，并缩短报废处置时间，为电力公司的可持续发展贡献更大力量。

本章以上问题的解决过程将以典型创新案例形式进行阐述。

第二节　典型科技创新案例一

一、背景

随着国家经济社会的快速发展和城市化建设的不断加快，城市住宅小区的数量日益增加，电能表新装的数量也同步增长。电能表的使用周期一般为 5~8 年，表计周期轮换的任务量同样繁重。

目前电能表新装、周期轮换业务的工作模式为：配表、打印装接单、打印表计安装信息标签（标签上包括户号、用电地址、表计资产号）、领表、表计安装信息标注、现场安装等流程。目前核对用户与表计信息的方式主要以人工核对为主，即用张贴标签的方式明确用户信息，再人工核对表计信息与装接单信息是否一致，核对时需要将电表一个一个的从纸箱中拿出，采用肉眼对照计量表正面的信息标签和信息标注完成相关操作步骤后再放入纸箱，该方式主要存在问题是人工操作与核对方式，过程较烦琐，耗时长、效率低，并且这种方法容易出现差错导致电表配送错误，表计上粘贴纸质标签也不美观。除此之外，由于表计号位数较多，人工核对户表信息大多以表计资产号后四位进行核对，容易出现号码重复，户表关系核对错误，造成装接差错等情况，容错率较低。

尽管目前大多数地区已经采用了智能箱表库作为电能表的资产管理工作，它拥有全自动的出入库系统，依循"先进先出、智能选配"的原则高效出入库，能够实现表计的集约化、智能化管控。但其中的批量配表业务在目前的业务模式下过度依赖人工，工作效率到达瓶颈，难以实现跃升的状态，"卡脖子"问题有待解决。

二、解决方案

表计出库流程如图 8-1 所示，由于现场领用环节存在大量人工操作与核对的过程，存在耗时长、效率低、易出错等问题。基于此，本典型科技创新案例以解决实际工作需求为落脚点，研发了基于 RFID 技术与图像识别技术及 PLC 自动化控制技术的智能表库信息自动标注设备。

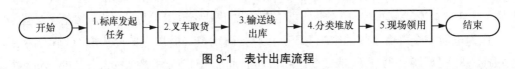

图 8-1　表计出库流程

通过在现场领用环节通过配备智能化设备，显著提高作业效率、降低作业人工成本、减少耗材使用、提升资产管理等优势，主要解决方案如下。

（1）采用全自动化核对表计信息进行自动打标，支持整箱进整箱出，去除了以前人工单只拣选取表、人工二维码扫码枪单只核表、人工写标与贴标步骤等人为手动参与过程，有效避免拣选出现差错导致电表配送错误，相对于人工在表计上粘贴标签，喷码的方式更加美观，简化了流程，大大减轻劳力，提高了效率。

（2）采用 RFID 扫描设备，快速读取表计内置 RFID 标签，基本上可以实现快速高准确性读取表计信息，并把该信息自动传送到打码设备，并实现自动打标，减少很多人为操作环节，减少了人为原因产生的失误。

（3）采用自动对接方式，将智能表库与营销系统装接信息数据库对接，自动搜索当前表计的所属工单信息如用户名、单元号、用电地址、表计资产号等。

（4）采用自动化贴标作业将贴标直接打印到电能表本体塑料外壳上，这样可减少纸张等耗材的使用以及相应的粘贴或摆放工作，而且不用担心标签实现节能减排保护环境，减少人力。

三、装置简介

本典型科技创新案例开发的基于 RFID 技术与图像识别技术及 PLC 自动化控制技术的智能表库信息自动标注设备，克服了原有技术"批量配表业务过度依赖人工、工作效率低、人工准确性不高"等难题，研发了基于射频读取技术的表计精准定位模块、基于电机精准操控技术的信息自动化标注模块、基于图像识别的表库出库输送线控制模块和基于双模通信技术的表库交互系统，实现了电能表信息标注全流程自动执行。其技术发展的作用如下：

（1）提高工作效率：该装置实现了对整箱表计每个外壳上进行自动化快速标注，省略了人工对电能表安装工单信息核对和贴标，表计在出库过程中就自动打印上用户名、用户号、安装地址等信息，直接省略了三级表库领表后装接前需进行的人工核对和贴标工作。减少了人为差错因素的产生，工作效率大大提高，节约了大量人力与劳力。

（2）简化流程：该装置快速定位电能表，快速获取电能表射频信息，并直接在外壳上喷码用户名、用电地址等详细信息，能供装接人员在作业现场对表计进行有效识别，无需再根据装接单进行二次核对后进行装表，无需在外壳上手工贴标，大大减少表计串户问题，简化了流程。

（3）提高了安全性：避免了原先人工贴标工作中不可避免的表计多次搬运，避免了因堆垛不合理、搬运过程失手等原因导致的周转箱倾覆，表计坠地等人身伤害及设备损坏事件，降低了营销作业风险，筑牢安全基础，提升科技赋能水平。

（4）提高了标注的准确性：使用该装置进行表计标注出库后，由于采用了 RFID 的读取及比对，再直接打印信息到壳体上，中间没有人参与，全机械自动化，杜绝了因为一些人为因素导致的标注信息错误或尾号重复等问题。

（5）平台互联互通：使用该装置进行表计标注后，每个表计都可以单独读取RFID，并与平台数据库互联互通，直接调用装表工单相关信息，并打印到相关表计上，实现了自动化信息标注。

（6）节能环保：由于采用了直接在壳体上打码，节约了纸张、节约成本，减少树木砍伐。维护生态环境，促进电力工业和能源事业的可持续发展。

四、装置组成

（一）喷码设备（见图8-2和图8-3）

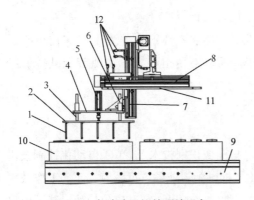

图8-2　自动喷码机的群读设备
1—RFID阅读器；2—安装板；3—固定支架；
4—第一固定板；5—无线发射器；6—第一传动轴；
7—第一Z轴导轨；8—第一Y轴导轨；
9—传动台；10—纸箱；11—对接板；
12—电机控制线

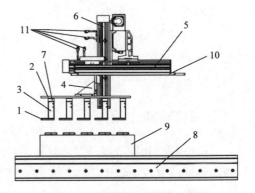

图8-3　自动喷码机的喷码设备
1—激光测距装置；2—第二固定板；
3—无线接收器；4—第二传动轴；
5—第二Y轴导轨；6—第二Z轴导轨；
7—固定块；8—传动台；
9—纸箱；10—对接板；11—电机控制线

喷码机包括群读设备和喷码设备，群读设备对纸箱中电表正面的RFID标签码进行识别读取，并将读取到的信息发送给喷码设备，喷码设备根据读取到的信息在电表的上方进行喷码，喷码信息包括户号、用电地址、表计资产号，使得电表的相关信息在电表的上方显示，这样工人在进行电能表批量新装、周期轮换业务中可以直接看到电表的相关信息，不需要将电表一个一个从纸箱中拿出，降低了工人拣选电表的难度，提高了工人的拣选效率，并且这种作业方法有效避免拣选出现差错导致电表配送错误，相对于人工在表计上粘贴标签，喷码的方式更加美观便捷。

RFID识别模块包括若干RFID阅读器，RFID阅读器安装在安装板上，安装板通过固定支架与第一固定板相连，安装板与固定支架之间是可拆卸的。RFID阅读器是方片状结构，纸箱中的电能表放置较密集，两个电表间的空隙较小，RFID阅读器的方片状结构可以使得RFID阅读器很顺利地进入到电表间的空隙中，从而对电表的RFID标签码进行识别读取操作；电能表一般有两种包装规格，三相电能表采用 58×46×19cm 的矩形纸箱，每一箱安放 5 只三相电能表依次排列，单相电能表采用 58×46×19cm 的矩形纸箱，每一箱按 3×5 规格放置 15 只单相电能表,安装板与固定支架之间可拆卸,在对三相电能表进行 RFID 标签阅读时，可以采用单排 5 个 RFID 阅读器对三相电能表的 RFID 标签码进行识别读取操作，在对单相电能表进行 RFID 标签阅读时，可以采用三排 15 个 RFID 阅读器对单相电能表的 RFID 标签码进行识别读取操作，非常灵活方便。

无线发射模块包括无线发射器,无线发射器安装在第一固定板上。无线发射器与 RFID 阅读器进行通信，RFID 阅读器将读取到的信息传送给无线发射器，无线发射器将 RFID 阅读器读取到的信息发送给主控制器或直接发送给喷码设备中的无线接收设备。

第一移动模块包括第一 X 轴导轨、第一 Y 轴导轨和第一 Z 轴导轨，第一 X 轴导轨上设有第一传动轴，第一传动轴与第一固定板固定连接。不同方向的导轨使得 RFID 识别模块可以向各个方向移动，这样在对传动台上纸箱内的电表进行标签码的信息读取操作时，不用让传动台停止传动即可完成对电表进行标签码的信息读取，节省了时间，提高了信息读取的效率。

喷码模块包括喷头和集成装置，集成装置包括激光测距装置和墨盒，喷头和集成装置安装在固定块上，固定块与第二固定板相连，固定块与第二固定板之间是可拆卸的，第二固定板上安装有若干个固定块。喷码模块完成对电表上方的喷码工作，喷头喷出墨水进行喷码，集成模块上的激光测距装置用来测量喷头和电能表上面的距离，墨盒为喷头喷码提供墨水，喷头和集成装置通过固定块安装在第二固定板上，可以通过拆卸固定块实现喷码模块的增减，可以根据实际需求学安装喷码模块的数量，非常灵活方便。

无线接收模块包括无线接收器，无线接收器与激光测距装置和墨盒组成一个集成装置。集成装置上的无线接收器用于接收将要进行喷码的数据信息，群读设备中的无线发射器与 RFID 阅读器进行通信，RFID 阅读器将读取到的信息传送给无线发射器，无线发射器发送 RFID 阅读器读取到的信息，无线接收器直接接收无线发射器发送的信息或接收主控制器发送的信息，喷码模块中的喷头根据无线接收器接收到的信息进行喷码。

第二移动模块包括第二 X 轴导轨、第二 Y 轴导轨和第二 Z 轴导轨，第二 X 轴导轨上设有第二传动轴，第二传动轴与第二固定板固定连接。不同方向的导轨使得喷码模块可以向各个方向移动，这样在对传动台上纸箱内的电表进行喷码操作时，不用让传动台停止传动即可完成对电表进行喷码，节省了时间，提高了喷码的效率。

喷码机还包括传送台、喷码机外壳和若干电机。传送台对纸箱中的电表进行传送,工人只需将纸箱放到传送台上的相应位置，后续步骤则无需人为参与，即可自动完成对电能表的信息采集和喷码，喷码机外壳对群读设备和喷码设备起到一个保护的作用，同时也可以防止外界的一些灰尘或其他颗粒物影响喷码机的喷码效果,电机为各个方向的导轨提供动力实现 RFID 识别模块和喷码模块的移动。

1. 喷码机外机

根据电能表纸箱的尺寸对喷码运动机构位置进行定位，根据喷码机尺寸设计喷码机外机，如图 8-4 所示。

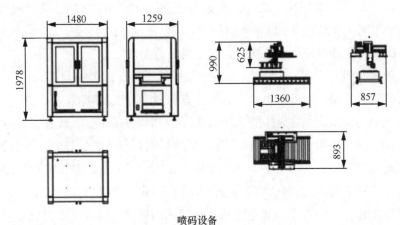

喷码设备

图 8-4 喷码机外机设计图

喷码机外机在喷码机的正常运行过程中具有多重保护作用，包括：

（1）机械保护。喷码机外机作为机器的骨架和支撑，具有稳定性和结构强度，能够保护内部的关键组件和设备不受外界振动、冲击等因素的影响，确保机器的正常运行。

（2）防尘防水。喷码机外机通常采用防尘、防水设计，以防止灰尘、水分等外界物质进入主体内部，保护喷头、喷墨系统和其他关键部件的正常工作，延长设备的使用寿命。

（3）温度控制。一些喷码机外机还配备了温度控制系统，可根据操作环境和需求，对主体进行恒温控制，以确保机器在适宜的温度范围内工作，避免高温或低温对设备性能的影响。

2. 滚珠丝杆

滚珠丝杆的工作原理是通过滚珠在螺旋丝杆的螺纹沟槽上的滚动运动，使得丝杆的旋转运动转化为滚珠和滚珠座之间的相对线性滑动，从而带动喷码机在丝杆上做直线运动。滚珠的滚动接触减少了传统丝杆的摩擦阻力，提高了传动效率和精度，减少了磨损和热量产生。装置对滚珠丝杆提出相关要求。

（1）滚珠丝杆公称直径：15mm。

（2）滚珠丝杆导程：5mm。

（3）螺母形式：双切边法兰。

（4）精度：C7（任意 300 行程内定位误差±0.05）。

在喷码机中，滚珠丝杆通常用于控制喷头在产品表面的移动，确保喷码操作的准确性和稳定性。通过滚珠丝杆的线性运动，喷头可以按照预定的路径和速度进行移动，从而实现精准的喷码位置控制。滚珠丝杆具有高刚度、低摩擦、高速度和长寿命的特点，非常适用于需要精确运动控制的喷码过程的应用，订购喷码运动机的滚珠丝杆加工成品，如图 8-5 所示。

图 8-5 滚珠丝杆机构加工成品

3. 喷码机支架运动机构

为满足货架及周转箱尺寸要求，喷码机支架运动机构需制作（345~329.3）mm×504mm的规格，如图 8-6 所示。

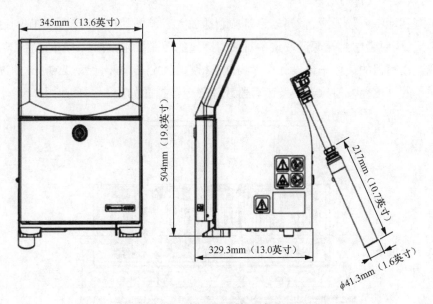

图 8-6 喷码机主体设计图纸

码机支架的运动机构通常被设计为能够在垂直方向上进行升降运动，以调整喷头与产品表面的距离，并实现喷码操作的精度和稳定性。常见的喷码机支架运动机构普遍采用伺服电机驱动机构，其原理是利用伺服电机和相关控制器实现支架的升降运动。伺服电机可以提供更精确的位置和速度控制，适用于对运动精度要求较高的喷码操作。

（二）RFID 射频读取装置

RFID 即射频识别，俗称电子标签。RFID 射频识别是一种非接触式的自动识别技术，它通过射频信号自动识别目标对象并获取相关数据，识别工作无须人工干预，可在各种恶劣环境下工作。RFID 技术可识别高速运动物体并可同时识别多个标签，操作快捷方便。

RFID 射频读取装置主要由以下组件组成。

（1）RFID 读写器（Reader）：RFID 读写器是核心部件，用于读取和写入 RFID 标签上的数据。它通过射频信号与附近的 RFID 标签进行无线通信，并将读取到的数据传输给喷码机的控制系统。

（2）天线（Antenna）：天线是 RFID 射频读取装置的关键部分，用于发送和接收射频信号。天线接收到来自 RFID 标签的射频信号，并将其转换为数字信号，以便 RFID 读写器进行处理。

（3）控制电路：控制电路用于控制 RFID 读写器的工作状态和执行相应的操作。它可以接收喷码机系统的指令，并根据需要启动射频读取装置。

（4）数据接口：RFID 读取装置通常需要与喷码机的主控制器或其他设备进行数据交换和通信。它可以配备串口、以太网、USB 等接口，用于与外部设备连接和数据传输。

1. 射频天线及读写器载体平台

为了顺利地将射频天线、读写器设备顺利地放入表箱并使传送带及表箱顺利通过此识别配套装置；同时考虑到无源读取设备对读写距离的较高要求，保证一定的设备下探空间，射频天线及读写器的载体平台设计尺寸为 973×693×893mm，同时保证 297mm 的读写探针距离传送带的高度差，射频天线及读写器载体平台模拟图如图 8-7 所示。

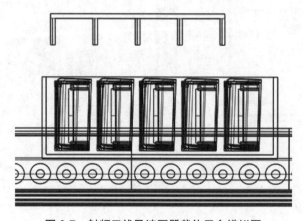

图 8-7 射频天线及读写器载体平台模拟图

2. 载货台控制板

为节省空间，将电气元件均布置在载货台面板下，布局图如图 8-8 所示。

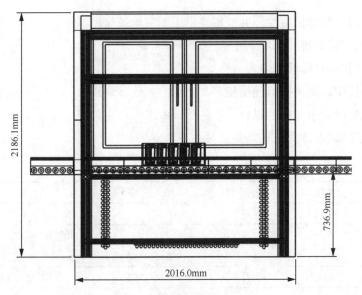

图 8-8　载货台控制板布局图

通过将电气元件布置在载货台控制板下，可以更好地节省空间，并简化布线和安装过程。这样设计的好处是更紧凑、更整齐的电气布局，减少电气元件的占用空间。同时，还能提高系统的可靠性和易维护性，方便维修和调试工作。

3. 电气设计

为电气设计中设备及其组成部分的工作原理，便于技术工作人员查找测试设备，进行安装和后期维护。

4. 软件代码编写

根据识别设备性能，通过软件控制识别探针下放深度，部分编程程序代码如图 8-9 所示。

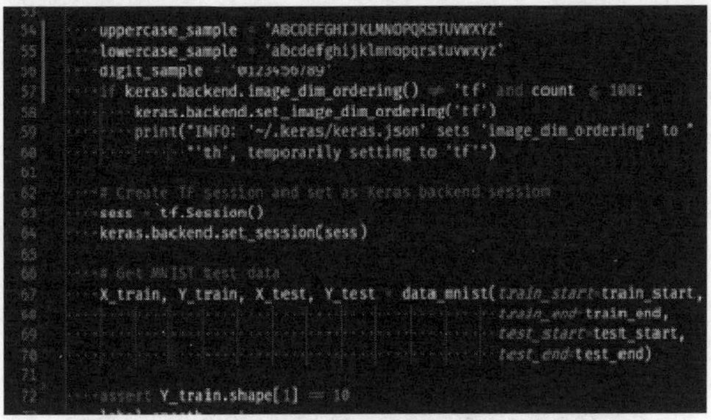

```
53
54  uppercase_sample = 'ABCDEFGHIJKLMNOPQRSTUVWXYZ'
55  lowercase_sample = 'abcdefghijklmnopqrstuvwxyz'
56  digit_sample = '0123456789'
57  if keras.backend.image_dim_ordering() = 'tf' and count < 100:
58      keras.backend.set_image_dim_ordering('tf')
59      print("INFO: '~/.keras/keras.json' sets 'image_dim_ordering' to "
60          "'th', temporarily setting to 'tf'")
61
62  # Create TF session and set as keras backend session
63  sess = tf.Session()
64  keras.backend.set_session(sess)
65
66  # Get MNIST test data
67  X_train, Y_train, X_test, Y_test = data_mnist(train_start=train_start,
68                                                train_end=train_end,
69                                                test_start=test_start,
70                                                test_end=test_end)
71
72  assert Y_train.shape[1] == 10
```

图 8-9　程序代码

RFID 射频读取装置的软件代码是用于操作、控制和管理 RFID 读取装置的程序代码，通过与读取装置进行交互，实现读取 RFID 标签数据和控制读取装置的功能。它为 RFID

应用提供了灵活性和可扩展性，并能够满足不同应用场景的需求。

（三）接入营销系统

1. 选择营销接口的调取方式

本典型科技创新案例接口使用签名加密的方式进行调用。

（1）首先接口调用方式的设计。事先生成签名与密钥，在发送数据前将签名、密钥、数据、随机数生成 MD5 算法的数据摘要。具体见表 8-1。

表 8-1　　　　　　　　　　　　加密算法数据表

字段名	类型	是否必填	描述	备注
appid	string	是	APP ID	事先生成密钥
salt	string	是	随机数	可为字母或数字的字符串
sign	string	是	签名	appid+q+salt+密钥的 MD5 值
q	string	是	数据	需要发送的实际数据

（2）生成签名 sign 的方法：

Step1. 拼接字符串 1：

拼接 appid=2015063000000001+q=apple+salt=1435660288+密钥=12345678 得到字符串1："2015063000000001apple143566028812345678"

Step2. 计算签名：（对字符串 1 做 md5 加密）

sign=md5(2015063000000001apple143566028812345678)，得到 sign=f89f9594663708c1605f3d736d01d2d4

（3）拼接数据形成请求：

q=data&from=en&to=zh&appid=2015063000000001&salt=1435660288&sign=f89f9594663708c1605f3d736d01d2d4

注：此数据既可使用 GAT 请求发送也可使用 POST 方式发送。

2. 编写营销接口调取代码

本案例在多种编程语言中选择了 Python 语言（见图 8-10），其对代码格式的要求相对宽松，使得编程人员不用在格式上浪费大量精力，提高了工作效率。

图 8-10　Python 调用接口代码（部分）

完成与营销口对接可以帮助实现系统集成、数据交互、自动化操作和功能扩展等目标，提高系统的灵活性、可扩展性和效率。它可用于与内部系统、服务或资源进行通信和交互。

五、案例创新点

（1）采用 RFID 阵列天线技术进行一次性读取表计信息并精准定位每只表计。该装置快速定位电能表，快速获取电能表射频信息，并直接在外壳上喷码用户名、用电地址等详细信息，能供装接人员在作业现场对表计进行有效识别，无需再根据装接单进行二次核对后进行装表，无需在外壳上手工贴标，大大减少表计串户问题，简化了流程。

（2）采用 PLC 控制的喷码设备根据 RFID 的精确定位对每个电能表外壳自动化标注。该装置实现了对整箱表计每个外壳上进行自动化快速标注，省略了人工对电能表安装工单信息核对和贴标，表计在出库过程中就自动打印上用户名、用户号、安装地址等信息，直接省略了三级表库领表后装接前需进行的人工核对和贴标工作。减少了人为差错因素的产生，工作效率大大提高，节约了大量人力与劳力。

（3）与原有智能表库平台数据交互衔接。使用该装置进行表计标注后，每个表计都可以单独读取 RFID，并与平台数据库互联互通，直接调用装表工单相关信息，并打印到相关表计上，实现了自动化信息标注。

本装置避免了原先人工贴标工作中不可避免的表计多次搬运，避免了因堆垛不合理、搬运过程失手等原因导致的周转箱倾覆，表计坠地等人身伤害及设备损坏事件，降低了营销作业风险，筑牢安全基础，提升科技赋能水平。此外本装置采用了直接在壳体上打码，节约了纸张、节约成本，减少树木砍伐。维护生态环境，促进了电力工业和能源事业的可持续发展。

六、科技创新装置应用

（一）安全性验证

为保证成果安全、可靠投入使用，将装置送至第三方专业检测机构检测认证，通过对各装置的各项数据进行检测，检测结果如下表所示，各项数据合格 100%。

本成果在多处现场实践应用的过程中，效果良好，经公司相关部门认证，本成果设备在安全、质量、管理、成本等方面均无负面影响。

（二）实用性验证

本案例统计了 6～11 月（6 个月）改进后的安装信息标注工作的批量配表平均用时，如表 8-2 和图 8-11 所示。

从以上可以看出，经过改造后批量配表流程在 6 个月时间中，智能表库批量配表平均用时降至 16.80s，低于目标值 29s。

表 8-2 对策实施后智能表库批量配表平均用时情况

月份	6 月	7 月	8 月	9 月	10 月	11 月	平均值
表计出库	14.04	13.67	12.23	12.54	13.2	12.41	13.02
任务分理	1.2	1.1	0.83	1.02	1.21	1.05	1.07
表库接收	0.78	0.7	0.76	1.19	1.32	0.98	0.96
任务下发	0.75	0.62	0.65	1.14	1.36	0.92	0.91
任务反馈	0.68	0.58	0.57	1.12	1.29	0.88	0.85
总用时	17.45	16.67	15.04	17.01	18.38	16.24	16.80

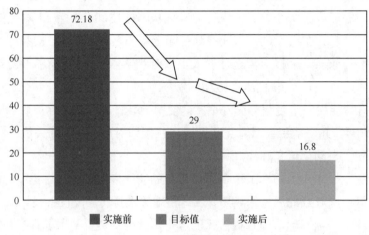

图 8-11 对策实施后效果图

对智能表库批量配表环节单块电能表平均用时情况进行统计，见表 8-3。

表 8-3 实施后现场领用各环节每表平均用时情况 单位：s

工作环节 \ 月份	6 月	7 月	8 月	9 月	10 月	11 月	平均值	占比
清点表计数量	4.7	4.63	3.82	5.68	6.12	3.85	4.8	63.41%
安装信息标注	1.95	2.05	2.15	1.88	2.11	1.98	2.02	26.68%
安装派工	0.27	0.28	0.26	0.35	0.39	0.25	0.3	3.96%
打印装接单	0.23	0.22	0.23	0.3	0.27	0.25	0.25	3.30%
表计领用	0.2	0.20	0.18	0.22	0.24	0.16	0.2	2.64%
总时间	7.35	7.38	6.64	8.43	9.13	6.49	7.57	100.00%

经以上分析可知，智能表库批量配表环节单块电能表平均用时由 53.88 秒降低至 2.02 秒，降低 51.86 秒，时间下降了 95.7%，如图 8-12 所示。

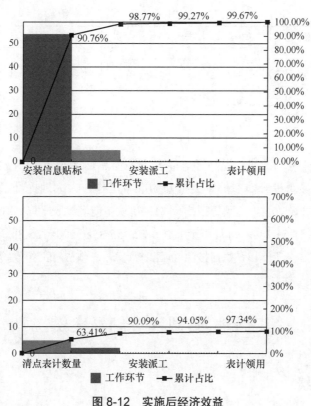

图 8-12 实施后经济效益

七、科技创新应用成效

1. 设备效益

由于采用了全自动化核对表计信息进行自动打标，支持整箱进整箱出，去除了以前人工单只拣选取表、人工二维码扫码枪单只核表、人工写标与贴标步骤等人为手动参与过程，有效避免拣选出现差错导致电表配送错误，相对于人工在表计上粘贴标签，喷码的方式更加美观，简化了流程，大大减轻劳力，提高了效率。表计上喷印的用电地址等信息，能供装接人员进行有效识别，无需再与装接单进行二次核对，提升效率的同时大大减少表计串户问题，提升了客户电力获得感和满意度。

2. 经济效益

计算批量配表业务改进后的经济效益如表 8-4 所示。

3. 安全效益

使用本典型科技创新案例装置进行表计批量出库后，避免了因堆垛不合理、搬运过程失手等原因导致的周转箱倾覆、表计坠地等人身伤害及设备损坏事件，降低了营销作业风险，提高了安全性，提升了科技赋能水平，为实现数字化转型提供有力支撑。

表 8-4　　　　　　　　　　实施后经济效益

配表量（只）	定额标准	单价	节约用时（小时）	研发成本	合计
43125	批量配表节约用时 55.38s	装接人工工资费用为 400 元/天，该项工作需要三人同时进行	实施后 2021 年 6 月至 11 月共节约用时：43125×55.38s/3600=663.4h	硬件制作：13500 元 软件设计：15000 元	合计节约：663.4/8×400×4=132680 元；去除研发成本后经济效益为：104180 元

4. 其他效益

（1）批量配表业务的改进，提高了电能表安装信息贴标的效率，减少了人为差错因数的产生，工作效率显著提升，节约了装接前的准备工作，大大地提升了用户满意度。

（2）以平均每月 6875 的批量配表数量计算：单块电能表配表平均用时从原先的 72.18s 降低至 16.8s，节约用时 55.38s。每月可节省：6875×55.35s/3600=105.8h。

（3）按照月均 22 个工作日，每日按照 8h 工时计算，总体提升工作效率：105.8÷（8×22）=60.11%。

第三节　典型科技创新案例二

一、案例背景

对于电力企业而言，电能表、互感器等各类电能计量资产是计量用电量的法定计量器具，是用户电费结算的唯一依据，是关系国计民生的重要工具。《国网浙江省电力有限公司二三级表库运行维护管理规范》要求，要保证配送系统设备安全、稳定、可靠运行。随着物流系统变得越来越成熟，无论是储存货物还是取用货物都会涉及装运物料的纸板容器，其作为智能仓储中的一个重要环节，重要性不言而喻。以电能计量资产为例，各类电能计量资产一般都会预先装入纸板容器，然后依靠资产管理库全自动的出入库系统，依循"先进先出、智能选配"的原则高效出入库，实现电能计量资产的集约化、智能化管控。

据统计，2020 年浙江省全年降水量最多的城市是衢州市，为 2132.4mm，较上年的 1984.1mm 降水量同比增长 7.5%。11 个主要城市中，除衢州市外，还有两个城市 2020 年降水量较上年有所增长，为湖州市和嘉兴市，较上年分别增长了 25.4%、3.9%。另外，在梅雨季节、潮湿天气中，空气中的相对湿度可达 80% 甚至更高。

目前，纸板容器刚下线的水分一般在 6～8%，与潮湿空气直接接触时，纸板容器会吸引空气中的湿度，回潮变软，导致放置各类电能计量资产的纸板容器出现不同程度的变形，最终使得智能仓储运转过程中出现搬运精度降低，无法满足智能化搬运物料的现象。

二、解决方案

针对上述"纸板容器吸引空气中的湿度出现回潮变软"这一"卡脖子"问题，本典型科技创新案例对货叉本体结构以及配套设备进行改造，减少纸板容器吸收空气中的水分，保障智能仓储的高效、精准运转。

目前，电能计量资产管理库主要采用专用托架式货叉，其主要包括托架本体和货叉本体两部分。托架本体设置有安装机构，包括左右对称设置的限位块；货叉本体包括竖直段、水平段，其中竖直段安装在安装机构中，水平段背离托架本体向前延伸，但是该装置整体结构简单，需要以纸板容器底部为支撑点取放物料，所以货架支撑物件只有几根钢管，支撑面积大大下降，导致纸板容器与空气大面积接触，容易出现纸板容器吸潮变软现象。同时，该操作模式需要比较大的空间，并且当载货台上的取放装置出现故障时，物料随时都会出现掉落的现象，存在一定的安全隐患。

基于上述纸板容器吸潮变软以及安全隐患等问题，本典型科技创新案例从纸板容器支撑面积和物理夹抱角度出发，对现有装置进行改造，主要包括以下两部分：第一部分是设计平板支撑式货架，将其安装在货架上，实现对单只纸板容器底部80%左右的支撑面积，降低其与空气的接触面，减少水分的吸收；第二部分是夹抱式货叉，将原来底部取放纸板容器变成两侧夹抱纸板容器，空间利用率进一步提升，且处理故障时只需要停止载货台两侧的夹抱装置，具有一定的安全保障。

三、装置简介

目前，智能箱表库配送出入库流程包括制定任务、任务分理、任务下发、表库运行和任务反馈等环节，而表库运行又分为入库和出库，如图8-13所示。

图8-13　智能箱表库纸板容器出入库流程

基于上述整个操作流程，本典型科技创新案例主要对图 8-19 中货叉放货和取货装置进行改造，以减少纸板容器与空气接触面积所带来的纸板容器变软现象。

本案例一方面克服纸板容器与空气接触面大的弊端，设计平板支撑式货架，将其安装在货架上，实现对单只纸板容器底部的80%左右的支撑面积，降低其与空气的接触面，减少水分的吸收，同时每块钢板被固定安装在货架上，作为立体化货架的一部分，可节约仓储资源。另一方面，本典型科技创新案例克服了现有货叉体积大、占用空间多、搬运精度低、搬运效率低下的缺点，提供了一种体积小、节省空间、对粗糙变形纸箱能够准确中心定位、结构紧凑、适用性广的用于存取纸板容器和物料的夹抱式货叉，将原货叉改造成可伸缩式双侧抱夹对纸板容器进行抱夹，并且该装置仅在穿梭车提升机平台增加固定钢板，作为底部支撑及抱夹收回纸板容器平移使用，无须改造货架高度，空间利用率高，且安全方面有一定保障。

案例装置如图 8-14 所示。

图 8-14　案例装置

四、装置组成

（一）夹抱式货叉

有轨巷道堆垛起重机是高层货架存取货物的主要起重运输设备，沿着轨道（单轨）可在水平面内移动，载货台（上有取货货叉）可沿堆垛机立柱在垂直方向上下移动，取货货叉可向巷道两侧的货格伸缩和微升降来实现货物取货和放货。堆垛机主要由堆垛机立柱、载货台、行走电机、升降电机、货叉伸缩机构、电气控制系统及安全装置等机构组成，如图 8-15 所示。

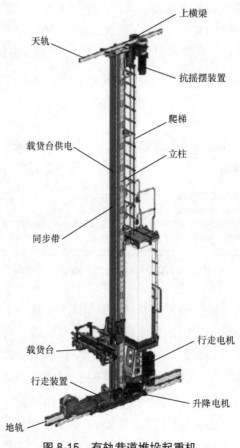

图 8-15　有轨巷道堆垛起重机

通过对取货货叉进行改造，主要包括纵长设置的座体、设于座体上并相对设置的两个货叉及位于两个货叉间的多个传输带，以及对于配套设施。

货叉机构主要由伺服电动机、夹抱式货叉伸缩臂、平板式载货台、机械传动装置等设备组成，通过组合安装并联动运作实现安全可靠运行。

1. 伺服电动机

根据夹抱式货叉性能安装伺服电动机，并采用交流闭环变频调速方式实现整个装置沿着轨道（单轨）在水平面内的移动，以及沿堆垛机立柱在垂直方向的上下移动。

2. 夹抱式货叉伸缩臂

基于货架及纸板容器尺寸制作的夹抱式货叉伸缩臂，可实现货物的夹抱，同时精度高，噪声小，可靠性高。

3. 平板式载货台

基于货架及纸板容器尺寸制作的平板式载货台，实现货物的正常输送和装载，同时为了更顺利地放入表箱，在载物台前后两侧加装坡度钢板，坡度设计为15°，保障各类纸板容器在一定技术误差允许范围内的正常输送和装载。同时，根据货叉存取货方式，合理布局货叉上的传感器。

4. 机械传动装置

夹抱式货叉机械传动装置可将动力传递给货叉各个工作机构。

（二）载货台与货叉机构保护

1. 货物超限检测

虽然平板式载货台预留了一定的表箱尺寸，但是载货台上也设有光电超限检测装置，避免超出尺寸（货物有在码盘或输送机及堆垛机输送的过程中造成歪斜的可能）的箱表进入货架。

同时，也安装了货位有无货的检测，并在载货台设有货位有无货检测开关，避免双重入库，当发现货位有货时，即停止送货并报警。

2. 交叉联锁

载货台的货叉设有中位保险限位开关，保证货叉缩叉时停在中位；如货叉运动时，堆垛机运行和升降都不能启动；堆垛机运行和升降时，货叉不能运动。

3. 货叉伸缩力矩限制保护装置

当伸叉阻力超过设定值时出现打滑现象时，货叉伸缩力矩限制保护装置可立即终止设备伸缩，避免设备损坏。

4. 表箱辊筒输送机（见图8-16）

辊道输送机采用电动滚筒作为输送动力。辊道输送机机架采用铝型材，辊筒筒体采用不锈钢，支腿采用碳钢型材焊接成型，表面喷塑。输送机机架外沿包不锈钢护板，输送机外侧设有导向，可有效调节通道宽度，使料箱传输顺畅，无卡阻现象。各个单机设备外表美观，耐磨，为组合式结构，尽量减少焊接点。结构件喷塑处理，传动件发黑处理。输送机工作时，其噪声不高于 50dB。

图 8-16　表箱辊筒输送机

（三）射频天线

安装传感器设备的同时，也需要安装射频天线，其主要满足各类数据传输和读取需要，主要参数特性如下：

（1）兼容 EPC C1 Gen2/ISO 18000-6C 以及 ISO18000-6B 协议；

（2）FSA 技术以及载波消除功能，抗干扰能力更强；

（3）MPU：1GHz Sitara™ ARM® Cortex®-A8 32 位高性能工业级；

（4）支持 EPC 密集型读取模式（DRM）；

（5）远距离读取，RF 输出功率达到 32dBm；

（6）支持 4/8 路读写器天线接口，1 路 WIFI/4G 天线接口；

（7）支持 WIFI 网页配置；

（8）支持 WIFI/4G 数据传输；

（9）支持 640Kbps 标签数据读取速率；

（10）配置以及参数设定灵活，提供最大化标签阅读量和最佳工作性能。

（四）射频读写器

当接收到射频天线的信号后，需要进行翻译，因此射频读写器也是不可或缺的一部分，其主要采用 Impinj R2000 芯片，支持 EPC C1 Gen2/ISO 18000-6C/ISO 18000-6B 协议，支持 8 个射频接头配置以及参数设定灵活，可以提供最大化标签阅读量和最佳工作性能。技术参数见表 8-5。

（五）货架支撑板

基于货架及纸板容器尺寸制作的支撑钢板，可实现对单只纸板容器底部的 80%左右的支撑面积，并确定货架侧面与支撑板固定的方案。

（六）自动化设备控制系统

自动化控制系统主要包括上库前区设备控制系统与上位系统的通信系统，以及相关配套的仓储信息管理系统与营销系统的相关接口开发。

表 8-5　　　　　　　　　　　　　技　术　参　数

型号		RFM108
物理参数	尺寸	91（长）mm×79（宽）mm×9.3（高）mm
	重量	107 克（不含散热底座）
	电源功耗	2A peak@5VDC
		10W@30dBm，0.2W@idle，0.3mW@shutdown
	工作温度	−20～55℃
	存储温度	−40～80℃
	物理接口	8×SMA RF 连接器
		15 针连接器
RFID 数据采集功能	工作频率	超高频（840～960MHz，不同国家频率标准可按需要定制）
		默认频率 902～928MHz
	协议标准	EPC C1 GEN2/ISO18000-6C/ISO18000-6B
	RF 芯片	Indy R2000
	发射功率	软件可调，步阶间隔 0.1dBm，最大值 32dBm
	识读距离	10m@Impinj E41 标签和 6dBi 天线，与标签类型以及发射功率有关
	通信方式	USB 或 UART 可配
软件工具		Smart Tool

仓储信息管理系统应能接收营销系统下达的作业任务：执行作业任务，实现各功能单元要求，并能与设备控制系统配合，完成全过程的自动化运行。提高配送人员的分拣效率，减少配表到户的错误率，提升智能二级表库的出入库自动化程度。

1. 数据接口设计原则

应符合共享性、安全性、可扩充性、兼容性和统一性的要求，对同类系统应统一接口规范，并支持多个异构系统和数据源之间的数据交换。

2. 性能及安全要求

（1）系统响应指标：常规操作响应时间＜10s；设置操作响应时间＜15s；90%界面切换响应时间≤3s，其余≤5s。

（2）系统可靠性指标：控制正确率≥99.9%；系统年可用率≥99.5%；系统故障恢复时间≤2h。

（3）系统安全要求：系统安全防护应满足《电力二次系统安全防护规定》（电监会 5号令），《国家电网公司信息化"SG186"工程安全防护总体方案（试行）》（国家电网信息〔2008〕316 号）的要求。系统应具有身份鉴别、访问控制、安全审计、入侵防护、恶意代码防护、剩余信息保护、资源控制等措施。

（4）硬件要求：系统硬件应采用主流的、成熟的并符合业界标准的产品，其性能指标满足系统响应、可靠性、负荷率、存储容量等指标。

五、案例创新点

本案例一方面克服纸板容器与空气接触面大的弊端，设计平板支撑式货架，将其安装在货架上，实现对单只纸板容器底部的80%左右的支撑面积，降低其与空气的接触面，减少水分的吸收，同时每块钢板被固定安装在货架上，作为立体化货架的一部分，可节约仓储资源。另一方面，本典型科技创新案例克服了现有货叉体积大、占用空间多、搬运精度低、搬运效率低下的缺点，提供了一种体积小、节省空间、对粗糙变形纸箱能够准确中心定位、结构紧凑、适用性广的用于存取纸板容器和物料的夹抱式货叉，将原货叉改造成可伸缩式双侧抱夹对纸板容器进行抱夹，并且该装置仅在穿梭车提升机平台增加固定钢板，作为底部支撑及抱夹收回纸板容器平移使用，无须改造货架高度，空间利用率高，且安全方面有一定保障，主要包括机架、电机、位于机架上方的叉板、用于探测货物的探货机构和设置在机架内部的传动线缆，其中叉板又包括位于机架一侧的上叉板和一端固定在机架上的中叉板，上叉板和中叉板滑动连接，机架上设有左右对称布置的叉板，分别为第一叉板和第二叉板，第一叉板外侧和第二叉板外侧均设有伸叉感应机构；探货机构布置在第一叉板的附近且处在第一叉板和第二叉板之间，探货机构一端与第一叉板底部连接，探货机构的另一端向第二叉板方向延伸，第一叉板和第二叉板均通过机架内置的传动线缆与电机连接。结构示意图如图8-17所示。

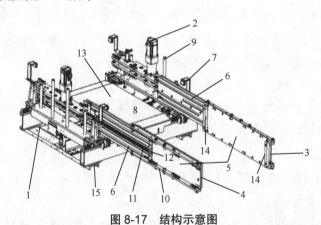

图 8-17　结构示意图

1—机架；2—电机；3—第一叉板；4—第二叉板；5—上叉板；6—中叉；7—伸叉感应机构；8—探货机构；
9—传动线缆；10—滑轨；11—齿条；12—凹槽；13—置物架；14—橡胶块；15—安装槽

（一）设计上叉板结构实现叉板长度的增加

现有货叉一般只有一副叉板，且无法伸长或缩短，所以货叉夹抱的货物尺寸很有限，一旦遇到体积比较庞大的货物，其长度或宽度超过叉板的长度，那么货叉就束手无策。本典型科技创新案例中的中叉板跟现有的货叉叉板具有类似的功能，且能够在水平方向上运动。当中叉板夹抱住货物之后，可以向靠近机架方向水平运动，使夹抱着的货物收纳到机架正上方，免得货物下坠掉地上而造成损坏。

本典型科技创新案例通过增加上叉板的结构来增加叉板的长度，上叉板和中叉板之间通过滑动连接，方便上叉板伸缩，同时上叉板收缩后可以减少整体叉板的长度。叉板的外侧设有的伸叉感应机构，能够及时报告货叉当前的状态，包括上叉板的位置、中叉板的位置和上叉板与中叉板之间的相对位置。

（二）上叉板结构增设容纳中叉板的滑轨

上叉板上设有容纳中叉板的滑轨，中叉板上下两端嵌设在上叉板的滑轨中，滑轨中设有通孔，中叉板上下两端设有与通孔适配的开孔，通孔上设有定位销。这里提到的通孔和开孔都是若干个。当需要调整上叉板和中叉板之间的相对位置时，拔出定位销，然后沿着滑轨的方向水平运动，可以选择不同位置的通孔与中叉板上的开孔对齐，再放入定位销，这样就能调节上叉板和中叉板的相对位置。根据仓储的现场空间，定位销、通孔和开孔结合的设计可以有效调整上叉板与中叉板的相对位置，提高了整个货叉的适用性。

同时，中叉板与机架之间设有齿条，中叉部外侧壁的中部设有容纳齿条的凹槽，齿条一端与电机电连接，齿条另一端嵌设在所述凹槽中。通过齿条作为货叉中叉板伸缩动力的传动件，可以提高中叉板水平运动时的稳定性。

另外，机架内设有处在第一叉板和第二叉板之间的用以传递货叉抱动力的链条。货叉抱动力指的是叉板之间相向运动，对货物进行夹抱的力，配置链条可以使叉板夹抱的过程变得平稳，比现有皮带传动更加平稳。

（三）设计机架与叉板之间的置物架

机架与叉板之间设有置物架，置物架安置在机架顶部。叉板对货物进行夹抱之后，叉板通过收缩，被夹抱的货物会收纳到机架正上方，然后将货物放在置物架上，此时第一叉板和第二叉板相背运动，对货物不再施加抱持力，相当于框架，将货物框在货叉内，防止货物在搬运过程中掉落。叉车在运输货物的过程中，货物可以平稳的被转移。等到需要存货或者取货的时候，第一叉板和第二叉板重复之前相向运动的过程，对置物架上的货物重新施加抱持力进行夹抱，电机推动齿条，中叉板向远离机架的方向伸出，把货物放在指定的地方。

同时，上叉板的内侧壁和中叉板的内侧壁上设有防滑的橡胶块。当第一叉板和第二叉板对货物夹抱时，为了使抱持的效果更好（货物不会坠落），在上叉板的内侧壁和中叉板上设置防滑的橡胶块可以很好解决货物容易坠落的问题。因为对于纸箱这种货物，叉板施加的抱持力不能太大（会损坏纸箱结构），但是抱持力太小，货物容易坠落。增加橡胶块可以减小纸箱坠落的几率，相当于机械手辅助兜住纸箱，而且橡胶块结构简单，制造成本低。

（四）增设平板支撑式货架及改造夹抱式货叉

本典型科技创新案例一方面采用平板支撑式货架，设计安装在货架上的固定式支撑钢板，实现对单只纸板容器底部的80%左右的支撑面积，降低其与空气的接触面，减少水分的吸收，同时每块钢板被固定安装在货架上，作为立体化货架的一部分，可节约仓储资源。另一方面，采用夹抱式货叉，将原货叉改造成可伸缩式双侧抱夹对纸板容器进行抱夹，并且该装置仅在穿梭车提升机平台增加固定钢板，作为底部支撑及抱夹收回纸板容器平移使用，无须改造货架高度，空间利用率高，且安全方面有一定保障。

六、科技创新装置应用

基于设计方案和创新点，更换传统货叉为夹抱式货叉，改牛腿式货架为平板支撑式货架，并对安全性、工作效率进行副作用评估，模拟一个月的出入库数量，实现对安全性和工作效率的评估。

（一）安全性验证

经实施验证，得出如下结论：

（1）不存在地面承重问题，货架增加支撑钢板后无地面承重安全风险。

（2）货架固定于货架上，不存在跌落安全风险。

（3）夹抱式货叉运行稳定，在智能表库仓储区域内，日常作业人员接触不到，无安全风险。

（二）实用性验证

对改造后的设备进行验证，以验证其实用性。

（1）对改造前后表架进行测量实验验证，得出验证数据见表8-6。

表 8-6　　　　　　　　　　　　改造前后表架测量实验数据

序号	纸板容器底面积	改造前		改造后	
		支撑面积（mm）	支撑占比	支撑面积（mm）	支撑占比
1	274350	5912	2.15%	221309	80.67%
2	274350	5878	2.14%	221427	80.71%
3	274350	5904	2.15%	221368	80.69%
4	274350	5921	2.16%	221368	80.69%
5	274350	5896	2.15%	221309	80.67%
平均数据	274350	5902	2.15%	221356	80.69%

验证结果显示，支撑板对纸板容器的支撑面积超过80%，降低了纸板容器与空气的接触面积，进一步减少纸板容器吸收空气中的水分。

（2）对夹抱式货进行试验（见图8-18），检验其性能参数，验证数据如下：

对夹抱式货叉伸缩的最大最小长度、伸缩两臂的工作间距和对纸板容器的支撑面数量进行验证，验证该装置具备可行性（见表8-7）。

图 8-18 夹抱式货叉性能验证

表 8-7　　　　　　　　　夹抱式货叉伸缩臂间距和支撑面数量测试表

项目	尺寸（mm）		伸缩臂尺寸		纸板容器支撑面（个）	结论
	工作间距	闲时间距	工作长度	闲时长度		
实际测量	465	540	1687	700	5	可行
	465	540	1686	701	5	可行
	465	540	1687	701	5	可行
	465	540	1687	700	5	可行
	465	540	1687	698	5	可行

　　将夹抱式货叉样品进行实验，通过记录纸板容器的抖动次数来验证夹抱式货叉的实用性，实验结果如表 8-8 所示。

表 8-8　　　　　　　　　夹抱式货叉抖动次数统计表

序号	实验人员	出入库箱数	抖动次数
1	A 人员	200	4
2	B 人员	200	3
3	C 人员	200	4
4	D 人员	200	5
5	E 人员	200	2
6	F 人员	200	4
7	G 人员	200	7
8	H 人员	200	3
9	平均数据	200	4

　　验证结果显示，以每 200 次计算，平均抖动次数由改造前的 30.5 次下降至改造后的 4 次，验证该夹抱式装置可实现原先取放纸板容器的功能，且性能更优，如图 8-19 所示。

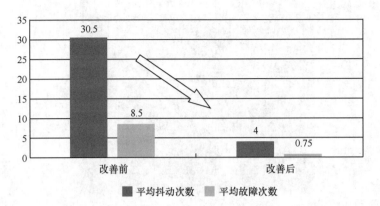

图 8-19　改善前后抖动和故障次数对比（每 200 次）

　　在实际应用中，本典型科技创新案例可以通过传感器、伺服电机控制等技术，外加夹抱式货叉、固定钢板支撑式货架等辅助设备，可以显著减少智能箱表库配送出入库月均故障次数，并经现场统计发现，在输送线、穿梭车、提升机运动速度不变的情况下，一方面该装置支撑板对纸板容器的支撑面积超过 80%，降低了纸板容器与空气的接触面积，以减少纸板容器吸收空气中的水分，另一方面该装置采用夹抱式货叉，具备原先以纸板容器底部为支撑点进行纸板容器取放的功能，且性能更优。

　　本典型科技创新案例的应用场景不仅在电力行业中有广泛的应用场景，涵盖了电能表生产、分发、使用和回收等多个环节，另外它也在汽车、服装、箱包、酒业、药品、烟草等沿海地区潮湿度高且以纸板容器为基本单元周转的各行各业，如：

　　（1）电力行业。电力公司设立专门的电能计量资产管理中心，采用本典型科技创新案例，可以减少纸板容器因受潮而发生变形的现象，且在大批量入库或出库的电能计量资产时，可以快速准确识别电能表等计量设备，减少智能箱表库配送出入库月均故障次数，进一步提升工作效率和节省人力资源以及运维时间成本。

　　（2）汽车行业。各类汽车电子产品生产过程中，需要将生产流线上检验合格的产品装入纸板容器，并运送至仓库存放，汽车行业可以利用本典型科技创新案例，一方面减少纸板容器因吸收水分而变软的现象，另一方面也可对生产线上的产品进行快速运转，提升准确性和工作效率。

　　（3）药品行业。各类药品生产过程中，需要将生产流线上检验合格的产品装入纸板容器，并运送至仓库存放，药品行业可以利用本典型科技创新案例，一方面减少纸板容器因吸收水分而变软的现象，另一方面也可对生产线上的产品进行快速运转，提升准确性和工作效率。

　　（4）烟草行业。各类烟草生产过程中，需要将生产流线上检验合格的产品装入纸板容器，并运送至仓库存放，烟草行业可以利用本典型科技创新案例，一方面减少纸板容器因吸收水分而变软的现象，提升周转效率。

七、科技创新应用成效

（一）设备效益

机架上设有带有齿条的中叉板和与之滑动连接的上叉板，可以有效增加叉板的使用长度，可以存取体积更大的货物，提高设备的适用性；货叉上还设置了用以感知叉板状态的伸叉感应机构和用来探测货物的探货机构，可以对物料进行准确定位，提高存取货物的精准度和效率，使得整个货叉更加智能，自动化程度更高，实现纸板容器二级自动化存储。

带有齿条的中叉板能够在电机作用下收缩，货物可以由中叉板转运至机架上方的置物架，保证平稳地运输；中叉板和上叉板可以同时实现伸缩功能，节省所需的巷道尺寸，节省空间，对不同尺寸的纸箱都能夹抱。

（二）经济效益

以电力行业为例，根据《国网浙江省电力有限公司营销项目消耗量预算标准第三册维修维护项目》(2018 版)，计算智能箱表库货叉和货架改进后每年可节约费用支出 3.9 万元。货叉和货架的改进，显著提升了取货/放货速度效率，降低误拣错误率，同时电子标签借助于明显易辨的储位视觉引导，可简化取货/放货作业为"看、拣、按"三个单纯的动作，进一步降低取货/放货人员思考及判断的时间，以降低拣错率并节省人员找寻货物存放位置所花的时间，减少了故障次数，工作效率显著提升。

（三）安全效益

沿海地区因空气相对湿度大，容易出现纸板容器受潮变软现象，极易在纸板容器周转过程中出现安全事故，存在一定的安全隐患。通过应用本典型科技创新案例，可显著减少安全事故的发生，即降低了表库区域纸板容器周转的安全风险，同时也降低了汽车、医药、烟草等行业周转的出错率。

（四）其他效益

（1）降低企业作业处理成本。除了取货/放货效率提高之外，因取货/放货作业所需人员参与度进一步降低，人员不需要进行特别培训，即能上岗工作，为此可以引进兼职人员，降低劳动力成本。

（2）服务企业智能融合生产。随着 RFID 技术与传感器网络的普及，物与物的互联互通，将给物流系统、生产系统、采购系统与营销系统的智能融合打下基础，而网络的融合必将产生智能生产与智能供应链的融合，完全智能地融入企业经营过程之中，打破工序、流程界限，打造智能企业。

（3）降低成本提升服务质效。通过提供高效的、智能的、少人化的仓储作业，可以大大降低制造业、物流业等各行业的仓储成本和物流成本，同时通过智能物流仓储相互协作，信息共享，加快物流过程，从而达到降低供应链总成本的目的。其关键技术包括标准化的物体标识及追踪、无线通信定位等新型信息技术应用以及单元化物流仓储技术的应用，能够有效实现物流仓储系统的智能调度管理，整合物流仓储核心业务流程，加强物流仓储管理的合理化，提高自动化水平，降低物流总能耗，从而降低物流成本，提高服务水平。

（4）促进经济发展提升综合竞争力。现代仓储系统集多种服务功能于一体，体现了现代经济运作特点的需求，即强调信息流、物流、资金流的快速、高效、通畅地运转，从而降低社会总成本，提高生产效率，提高社会的综合竞争力。

第四节　典型科技创新案例三

一、案例背景

根据国家相关政策，废旧电能表、故障电能表、更新换代的电能表都要进行统一的处理破坏，实际操作单位是电力部门，但是废旧电能表中含有很多的金属，是可以再次开发利用的，属于可回收资源。国家政策主要是为了避免报废之后的电能表重新翻新后流入市场，对用电市场秩序和电能计量管理秩序进行扰乱，所以规定所有被替换更新的废旧电能表统一由市电力公司统一收回，并集中破坏销毁。废旧电能表回收的电力部门一般历时三个月左右对故障更换的电能表、轮换拆回的电能表，以及采购后未安装的库存机械式电能表，还有机电式电能表和老式的电子式等已经可以认定为废旧电能表的条件的各种型号电能表进行清理登记，在按程序完成相关报备、审批后统一集中进行销毁，目的是从根源上杜绝了老旧电能表的二次使用。

目前，国内外对于废旧表计的破坏工艺的研究，大部分还处在比较简单的阶段，如：暴力手动拆解或电钻或粉碎等工艺过程，少数的智能型的有自动传送带再定位，再电钻破坏等，智能型的还在少数，智能型的还不够智能化，还需要很多人工协助与调整。

报废处置作为智能仓储的末端环节，承担极其重要的责任：如避免报废电能表回流到市场中，造成管理或市场的混乱，防止报废效率低下及表计大量堆积引发的风险隐患。然而目前业务模式依赖人工，工作效率低，基层表库人员平均每日需要报废的表计数量约1100只，并须完成相应系统流程，工作强度大，"卡脖子"问题有待解决。

二、解决方案

为了解决涉及报废表计的一系列问题以及由此导致的种种难题，资产班组精心研发并制造了一款缩短电能表报废处置时间的装置，并将其成功应用于智能仓储的日常生产操作中。该装置采用先进的流水线技术，实现了对电能表的自动输送，同时借助 RFID 检测技术，精准地进行统计分析，自动辨识每个整箱表计内部的 RFID 标签，并生成相应的记录文档。

为实现这一目标，装置配备了 PLC 控制系统，通过精准的伺服电机和多种传感器的协同作用,实现了夹紧装置的精确运动、压刀上下位置的精确控制以及传送带的准确调控。此外,装置还利用图像识别技术,智能判断每个单相和三相表计,并相应选择不同的压刀方案,确保压刀精准施加在关键位置上,从而保证核心区域的完好破坏,例如,互感器采集输入芯片的位置附近芯片或电路板。压刀的深度和位置的设计考虑了电池、电容和液晶屏等部件,以避免工作区环境受到污染或产生潜在危险。

在整个工作流程中,如图 8-20 所示的系统流程图所示,首先,传送带将整箱表计送入检测装置。检测装置配备了 RFID 读写器、天线、LED 灯和摄像头,RFID 读写器能够准确读取整箱表计的身份信息并进行记录,摄像头则主要用于对整箱表计进行图像识别,以判定其是否为单相或三相、是否有数量或排列错误等问题。接下来,整箱表计通过传送带送入破坏箱,在此过程中,根据图像识别获得的箱体特征,系统自动将表计送入预定轨道,并启动夹紧装置进行稳固固定。紧接着,装置激活压刀,将表计在预设位置进行一次性破坏。最终,已完成破坏处理的表计从输出传送带上推出。

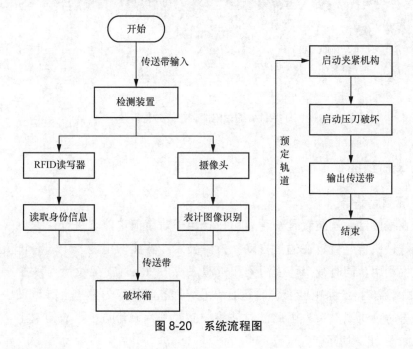

图 8-20 系统流程图

三、装置简介

通过 RFID 技术,每个电能表都被附着一个唯一的标签,上面存储着电能表的相关信息。这使得在整个报废流程中,电能表的识别和管理变得更加便捷和精确。结合基于图像识别定位的钻头群打孔技术,将钻头群支架机构与图像定位识别技术联动,该装置能够精准破坏计量芯片,避免了破坏表计过程中,液晶屏及电解电容泄漏对环境造成污染及破坏。而电能表批量销毁,避免了电能表碎片误伤、工器具坠地等人身伤害事件,提升科技赋能水平，装置构建表计报废处置模块，效率更高，为新型电力系统建设提供了绿色清洁的新方案，有效响应了"双碳目标"，装置如图 8-21 所示。

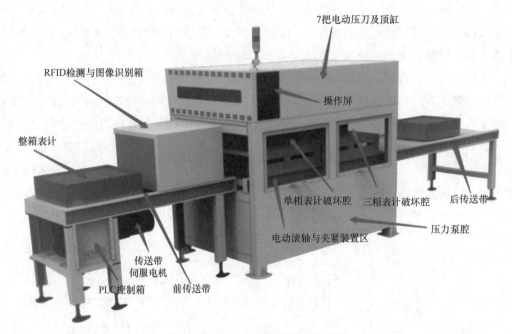

图 8-21　缩短电能表报废处置装置

四、装置组成

（一）报废钻头群

电能表报废钻头群装置是一种专门设计用于对废旧电能表进行快速拆解和处理的设备。这款钻头群装置旨在通过自动化拆解技术，将废旧电能表中的有价值的元器件和材料回收利用，同时减少环境污染和资源浪费。钻头群支架设计为 7 个一组的分体式设计。由于需对 35 只电能表同时进行钻孔，钻孔时的应力偏差会导致钻头卡死在电表中，严重时会折断钻头。因此需对钻头群支架进行设计防止事故的发生。模拟应力偏差效果如图 8-22 所示。

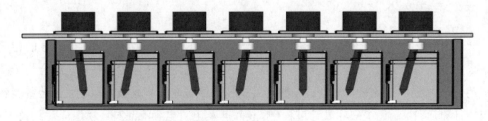

图 8-22　模拟应力偏差效果

以减少应力的发生。底板采用铝合金一体化切削工艺，在减轻重量的同时保证了整体强度，如图 8-23 所示。

图 8-23 报废钻头群实物

通过对钻头群进行钻孔测试，分别对 4 箱电能表（每箱 35 只）进行钻孔测试：要求不能有钻头滞粘、折断等情况。

通过实验发现设备钻孔十分顺畅，均没有发生钻头滞粘、折断等情况。

得出验证数据见表 8-9。

表 8-9 钻孔测试结果表

批次	滞粘数	折断数	合格率
一	0	0	100%
二	0	0	100%
三	0	0	100%
四	0	0	100%
平均数据	0	0	100%

装置优势如下：

（1）高效拆解。电能表报废钻头群装置配备了多个专用的拆解钻头，能够迅速而精确地拆解电能表的外壳和内部结构。这有助于高效地回收内部元器件和材料。

（2）自动化操作。装置采用自动化控制系统，可以自动调节拆解过程中的力度和速度，确保拆解过程稳定且不会损坏有用元件。将钻头群进行钻孔测试，分别对 4 箱电能表（每箱 35 只）进行钻孔测试，测试结果无钻头滞粘、折断等情况。测试结果证明设备钻孔十分顺畅，不会发生钻头滞粘、折断等情况。

（3）材料分离。在拆解过程中，装置可以将废弃电能表中的各种元器件和材料进行分离，使得可回收材料能够得到有效利用，减少资源浪费。

（4）环保处理。该装置通过高效拆解和材料分离，最大限度地减少了电能表废弃物对环境的影响。这有助于降低电力行业的碳足迹，促进可持续发展。

（5）数据采集和监控。装置通常配备了数据采集系统，可以实时监控拆解过程中的参数，以确保拆解过程的安全和有效性。

（二）电能表抱夹系统

电能表抱夹系统是一种专门设计用于电能表的夹持、固定和操作的自动化装置。在电力行业中，电能表的安装、维护、测试和校准是关键的工作环节，而电能表抱夹系统通过机械夹持和自动化控制，提供了高效、准确和可靠的电能表操作解决方案。

电能表抱夹系统配备了专用的夹具，能够准确地夹持不同尺寸和形状的电能表，确保电能表在操作过程中不会移动或滑动。该系统采用自动化控制技术，能够通过预设的程序自动完成电能表的夹持、旋转、翻转等操作，减少人工干预，提高操作效率。电能表抱夹系统通常具备多维度的操作能力，可以在不同角度和方向上对电能表进行操作，以满足不同的需求。装置配备了数据采集和传感技术，可以实时监测电能表的状态、参数和操作过程，确保操作的准确性和稳定性。装置通常具备安全保护机制，如急停按钮、碰撞检测等，以确保操作人员的安全和设备的稳定运行。

该电能表抱夹系统的单面受力为 $15 \times 6 = 90kg$。设计时一组电能表单边由三个气缸进行夹紧，一个气缸应作用 30kg 推力。普通双轴气缸的理论推力为：$F_0 = \frac{\pi}{4} D^2 p$。根据实际比对选择了 CXSM10-50 双轴气缸，气缸气压设为 0.5MPa 计算双轴气缸的推力（效能定 0.8）：$3.14/4 \times 102 \times 0.5 \times 0.8 = 31.4kg$。

该装置动力系统为 CXSM10-50 双轴气缸，单个气缸平均压力为 31.32kg，能够稳定高效地完成资产取送转移任务。

1. CXSM10-50 双轴气缸安装注意事项

（1）缸筒及活塞杆的滑动部位不可遭受任何物体的碰撞或刮伤。

（2）在固定工件到端板前端时，请务必确保活塞杆处于完全缩回状态。同时，在端板固定过程中，请避免在活塞杆上施加过大的力矩。

（3）在确认所有元件的正常运作之前，请勿启用设备。

（4）在仔细阅读并正确理解说明书的内容后，方可进行产品的安装和使用。

（5）务必使用干燥、干净的空气供应。

（6）请注意，过多的冷凝水可能导致气阀及其他气动元件的运作异常。因此，在靠近换向阀的上游位置，请安装 AF 系列空气过滤器以防止此类情况发生。

2. 伺服气缸上位机控制软件

为了更加方便操作人员对伺服气缸进行精确调节，以及更好地配合 PLC 底层控制系统。首先，研发了一套先进的伺服气缸上位机控制软件，该软件具备直观友好的用户界面，操作人员可以通过图形化界面轻松实现对伺服气缸的调节和控制。该软件不仅提供了精准的参数设定和控制选项，还具备实时监测功能，让操作人员能够清晰地了解伺服气缸的状态和性能。上位机软件界面如图 8-24 所示。

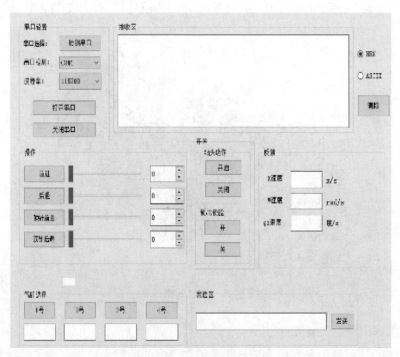

图 8-24　上位机软件界面

此外，为了与 PLC 底层控制系统的无缝集成。通过精心设计的通信协议和接口，实现了伺服气缸与 PLC 底层控制之间的高效互联、信息的快速传递和指令的准确执行。这使得伺服气缸能够与其他设备协同工作，实现更加智能化的生产流程和精密的控制，伺服气缸控制线路图如图 8-25 所示。

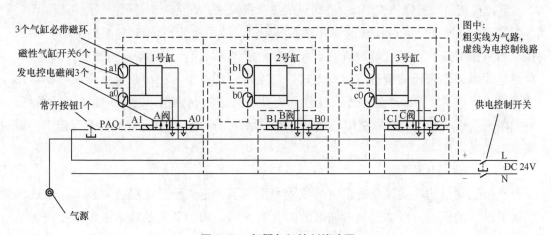

图 8-25　伺服气缸控制线路图

在实际应用中，操作人员可以通过伺服气缸上位机控制软件轻松调整气缸的运动参数，如速度、力度、位置等，以满足不同工艺和生产需求。与此同时，该控制软件的数据记录和分析功能，也为后续的工艺优化和质量控制提供了有力支持，气缸三维仿真如图 8-26 所示。

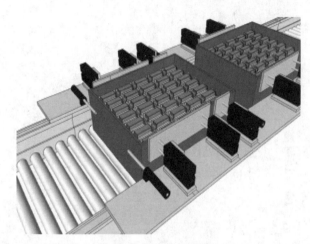

图 8-26　气缸三维仿真

（三）图像识别定位装置

利用 RFID（射频识别）技术结合图像识别定位的装置是一种先进的智能系统，旨在通过无线射频技术和图像识别技术实现对特定目标物体的识别、定位和追踪。提高物体管理的精确性和效率。

该装置集成了 RFID 技术，能够识别携带 RFID 标签的物体，通过射频信号获取物体的信息，从而实现对物体的辨识。

1. 图像识别算法

通过传感器捕捉物体的图像，并通过成熟图像算法"YOLOv5 卷积神经网络模型"进行图像识别，通过使用 opencv 读取摄像头视频流，使用基于 pytorch 框架的 yolov5 卷积神经网络模型进行目标检测判断表计有没有到位，再联动点位运动机构把表计固定牢，再通过图像识别表计的数量与排列方式，来判断识别单相与三相及数量有没有少，摆放有没有错误等。Yolov5 模型在灵活性和速度上远超其他模型，对设备性能要求不高。数据增强使用了缩放，色彩空间调整和马赛克增强（Mosaic data augment）等技术，提高模型效果。

2. 点位运动机构

点位运动机构在实现精确定位的过程中采用了先进的步进电机控制技术，通过控制滚珠丝杆的运动，以实现高度精准的位置调整。这项创新性的技术应用旨在确保系统能够按照预定的精确单位进行移动，为各种应用场景下的定位需求提供可靠而高效的解决方案。

步进电机作为点位运动机构的关键驱动元件，具备精准控制和稳定性强的特点，能够将电信号转化为精准的机械运动，从而实现物体的精准定位。而滚珠丝杆作为传动装置，通过其独特的螺距和滚珠设计，有效地将电机的旋转运动转化为线性运动，为系统提供了高效的运动传递机制。根据图纸订购的滚珠丝杆及电机如图 8-27 所示。

图 8-27　订购的滚珠丝杆及电机

点位运动机构通过精心设计的控制算法和参数设置，能够精确控制步进电机的步数和速度，从而驱动滚珠丝杆按照预定的精确单位进行移动。这种精准的运动控制使得系统能够在不同的工作环境和载荷条件下都能够稳定运行，确保了最终位置的准确性和可靠性。

从而实现对物体在空间中的精确定位。结合 RFID 和图像识别技术，装置能够实时追踪物体的位置和状态变化，从而帮助用户更好地管理物体流动和位置变化。装置可以与自动化系统集成，实现物体的自动化识别、定位和追踪，减少人工操作，提高效率。装置能够采集和存储物体的识别、定位、状态等数据，为用户提供数据分析和决策支持。

五、案例创新点

（一）基于图像识别技术的整箱表计的识别

较为常用的目标检测与识别方法是基于模板匹配的检测方法基于模板匹配的目标检测方法，通常情况下，首先是通过模块图在待检测图以滑动窗的形式进行移动；然后同时提取模板图和待检测区域的局部特征，例如关键点特征、结构特征等等；最后对局部特征进行相似度度量。由此可见，局部特征的好坏会严重影响到最终检测的结果。

本装置采用光学图像识别，光学图像识别是指对图像进行分析识别处理，获取特征图像信息的过程。传统方法上采用 HoG 对图像进行特征提取，然而 HoG 对于图像模糊、扭曲等问题鲁棒性很差，对于复杂场景泛化能力不佳。由于深度学习的飞速发展，现在普遍使用基于 CNN 的神经网络作为特征提取手段。得益于 CNN 强大的学习能力，配合大量的数据可以增强特征提取的鲁棒性，面临模糊、扭曲、畸变、复杂背景和光线不清等图像问题均可以表现良好的鲁棒性。

（二）基于 RFID 标签自动识别与统计技术

RFID 即射频识别，俗称电子标签。RFID 射频识别是一种非接触式的自动识别技术，它通过射频信号自动识别目标对象并获取相关数据，识别工作无须人工干预，可在各种恶劣环境下工作。RFID 技术可识别高速运动物体并可同时识别多个标签，操作快捷方便。RFID 是一种突破性的技术：

（1）可以识别单个的非常具体的物体，而不是像 RFID 标签那样只能识别一类物体。

（2）其采用无线电射频，可以透过外部材料读取数据，而 RFID 标签必须靠激光来读取信息。

（3）可以同时对多个物体进行识读，而 RFID 标签只能一个一个地读。结合了远程数据库服务、无线网络通信等先进技术，形成电力物资管理 TIJM—RFID 管理平台，实现了电力物资信息自动识别。

基于 RFID 识别技术的物资管理系统硬件平台由系统后台、RFID 无障碍识别通道、RFID 电子标签等组成。

从电子标签到读写器之间的通信及能量感应方式来看，RFID 系统一般可以分成两类，即电感耦合系统和电磁反向散射耦合系统。电感耦合通过空间高频交变磁场实现耦合，依据的是电磁感应定律，电感耦合方式一般适合于中、低频工作的近距离 RFID 系统。电磁反向散射耦合，即雷达原理模型，发射出去的电磁波碰到目标后反射，同时携带回目标信息，依据的是电磁波的空间传播规律。电磁反向散射耦合方式一般适合于超高频、高频、微波工作的远距离 RFID 系统，如图 8-28 所示。

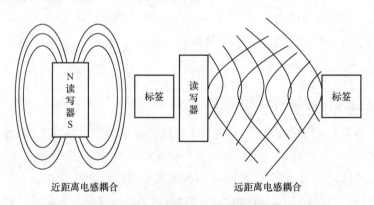

图 8-28　电子标签到读写器之间的通信及能量感应方式

由于低频 RFID 系统的波长更长，能量相对较弱，因此主要依赖近距离的感应来读取信息，电感耦合主要应用在低频（LF）、中频（HF）波段。由于高频率的波长较短，能量较高，因此，读写器天线可以向标签辐射电磁波，部分电磁波经标签调制后反射回读写器天线，经解码以后发送到中央信息系统接收处理，电磁反向散射耦合主要应用在高频（HF）、超高频（UHF）波段。

RFID 原理图如图 8-29 所示，电子标签进入天线磁场后，若接收到读写器发出的特殊射频信号，就能凭借感应电流所获得的能量发送出存储在芯片中的产品信息（无源标签），或者主动发送某一频率的信号（有源标签），读写器读取信息并解码后，送至中央信息系统进行有关数据处理。

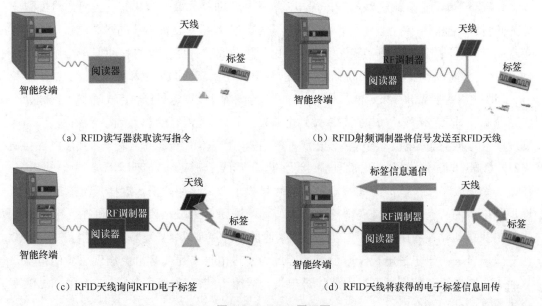

（a）RFID读写器获取读写指令　　　　　　（b）RFID射频调制器将信号发送至RFID天线

（c）RFID天线询问RFID电子标签　　　　　　（d）RFID天线将获得的电子标签信息回传

图 8-29　RFID 原理图

RFID 技术可识别高速运动物体并可同时识别多个电子标签，操作快捷方便。短距离射频产品不怕油渍、灰尘污染等恶劣的环境，可在这样的环境中替代条码，例如用在工厂的流水线上跟踪物体。长距离射频产品多用于交通上，识别距离可达几十米，如自动收费或识别车辆身份等。

凭借感应电流所获得的能量发送出存储在芯片中的产品信息（无源标签或被动标签），或者主动发送某一频率的信号（有源标签或主动标签）；读写器读取信息并解码后，通过主机与数据库系统相连进行处理。数据库系统由本地网络和全球互联网组成，是实现信息管理和信息流通的功能模块。数据库系统可以在全球互联网上，通过管理软件或系统来实现全球性质的"实物互联"。

（三）PLC 控制伺服电机自动化

PLC 工作过程一般可分为输入采样，程序执行和输出刷新三个主要阶段。PLC 按顺序采样所有输入信号并读入到输入映像寄存器中存储，在 PLC 执行程序时被使用，通过对当前输入输出映像寄存器中的数据进行运算处理，再将其结果写入输出映像寄存器中保存，当 PLC 刷新输出锁存器时被用作驱动用户设备，至此完成一个扫描周期。PLC 的扫描周期一般在 100 毫秒以内。PLC 程序的易修改性，可靠性，通用性，易扩展性，易维护性可和计算机程序相媲美，再加上其体积小，重量轻，安装调试方便，使其设计加工周期大为缩短，维修也方便,还可重复利用。

伺服系统由位置检测部分、误差放大部分、执行部分及被控对象组成。采用了全封闭无刷结构，以适应实际生产环境不需要定期检查和维修。其定子省去了铸件壳体，结构紧凑、外形小、重量轻。定子铁心较一般电动机开槽多且深，散热效果好，因而传给机械部分的热量小，提高了整个系统的可靠性。转子采用具有精密磁极形状的永久磁铁，因而可实现高转矩/惯量比，动态响应好，运行平稳。转轴安装有高精度的脉冲编码器作检测元件。因此交流伺服电动机以其高性能、大容量日益受到广泛的重视和应用。

伺服电机主要靠脉冲来定位，基本上可以这样理解，伺服电机接收到 1 个脉冲，就会旋转 1 个脉冲对应的角度，如果把频率做到足够大，那单步运行就可以做到小，从而实现高精度位移，因为，伺服电机本身具备发出脉冲的功能，所以伺服电机每旋转一个角度，都会发出对应数量的脉冲，这样，和伺服电机接受的脉冲形成了呼应，或者叫闭环，如此一来，系统就会知道发了多少脉冲给伺服电机，同时又收了多少脉冲回来，这样，就能够很精确地控制电机的转动，从而实现精确的定位，可以达到 0.001mm。伺服电机在要求精密控制的工业自动化设备中得到了广泛的应用，他的闭环控制功能，是步进电机无法比拟的。在一些场合，由于步进电机没有反馈，因此当步进电机卡死或打滑会出现丢步的情况，从而大大影响设备使用精度，因此步进电机一般用于纯粹的转动过程，或者用于对精度要求不高的使用场合。

六、科技创新装置应用

在实际应用中，该装置可以通过结合 RFID 技术和图像识别技术，实现对电能表的快速识别、定位和报废处理。首先，当一批电能表需要报废时，装置可以自动识别这些电能表的信息，包括型号、编号等，并利用图像识别技术捕捉电能表的外观图像，将这些信息与数据库中的记录进行匹配，确认电能表的具体信息。以下为该装置的应用场景：

（1）电力公司报废中心。电力公司设立专门的电能表报废中心，使用该装置来处理大批需要报废的电能表。装置可以快速识别电能表信息并进行分类处理，实现高效的报废流程，节省人力和时间成本。

（2）智能电能表生产厂家。在电能表生产过程中，可能会出现一些质量不合格或退役的电能表，生产厂家可以利用该装置对这些电能表进行快速报废处理，减少废品积压。

（3）电力检修站点。在电能表检修的过程中，一些老化或损坏的电能表需要报废处理。检修站点可以使用该装置来确认报废电能表，并选择合适的处理方式。

（4）电能表分发中心。电能表分发中心可能需要对退役电能表进行处理，以确保电能表的可靠性和准确性。装置可以帮助分发中心更加高效地进行报废电能表的处理和记录。

（5）电能表回收站。在电能表回收站点，可以使用该装置来自动识别和处理回收的电能表，提高回收过程的效率和可追溯性。

（6）政府监管机构。监管机构可以利用该装置对市场上的退役电能表进行检验和处理，确保市场上的电能表符合相关质量标准。

综上所述，缩短电能表报废时间装置在电力行业中有广泛的应用场景，涵盖了电能表生产、分发、使用和回收等多个环节，可以提高电力公司的运营效率、服务质量和数据准确性。

七、科技创新应用成效

大量的电能表要通过各地的供电公司的营销部来回收，统一回收的报废电能表需进行登记、彻底销毁，避免其重新流入市场，造成用电市场秩序和电能计量管理混乱；或者人为的为了转卖而申请报废电能表，将达不到报废要求的电能表报废，造成资源浪费。缩短报废表计处置装置得到应用后的应用成效如下：

（一）市场或管理混乱

在不稳定的管理环境下，有可能导致大量报废电能表重新流入市场，每年高达近 10 万个，其中约有 5%流向国内外不发达地区，引发市场和管理的混乱。此外，未经处理的废旧电能表可能会有超过 15%被再次使用，可能引发电力系统的严重安全隐患，危及电力系统的稳定和正常运行。

（1）减少人身伤害。引入该装置后，每年因人工破坏操作导致的电能表碎片误伤事件减少至少 50%，预计每年可避免至少 15 起人身伤害事件，有效降低销毁作业风险，提升科技赋能水平。

（2）稳定市场秩序。据估算，每年在线上二手交易市场出售的国网资产电能表约为 5 万个，这导致电力企业管控难度极大。引入该装置后，能够有效阻止 90%的废旧电能表重新进入市场，从而每年约有 4.5 万个废旧电能表无法流入市场。这项改进不仅保障了电力计量的公平公正，也有力地稳定了市场秩序，为电力系统的健康运行提供了坚实的支持。

这些充分的数据和分析显示，该装置在稳定市场秩序方面的应用效果显著，为电力计量行业的可持续发展和市场的健康运行带来了有力的推动。

（二）危害环境，资源浪费

作为废旧物资，由于其包含了多种危废有害物质，会导致环境的严重污染；最后是信息的处理不彻底不完整，无法满足电力系统管理上全过程控制的要求。

以往电力集体企业废旧电能表回收处理的方法大多采用粉碎、碾压、高温熔化等传统粗放回收方式，不仅无法高效实现材料再循环利用，导致资源的浪费，而且处理过程容易造成粉尘、废液、废料等二次污染，一旦对很多有毒元器件不经处理或处理不当，将对土壤、地下水和空气造成严重污染。

该装置能够精准破坏计量芯片，避免了破坏表计过程中，液晶屏及电解电容泄漏对环境造成污染及破坏，具体到回收率方面，金属部分的回收率增加了约20%，塑料部分的回收率提高了15%，纸张回收率增加了25%。这表明通过优化环境，我们在再生资源方面取得了明显的进步，有力地支持了可持续发展的目标。这一系列数据的积极趋势清晰地表明，我们的优化措施不仅在效率上获得了巨大的提升，也为环保事业作出了实质性的贡献，展现了我们在推动绿色发展方面的决心和能力。为新型电力系统建设提供了绿色清洁的新方案，有效响应了"双碳"目标。

（三）低效率高人工

由于每年轮换及故障原因报废电能表数量巨大，若采用纯人力方式使用手持电钻进行打孔，需要对每只报废电能表进行多次打孔，过程中需要多次拆装箱，重复性工作繁多，费时费力。

（1）提高报废处理效率。表箱内表计由RFID统一扫描，无需再与报废单进行二次核对，提升效率的同时大大减少人工核对差错问题，提升了员工满意度。以平均年27万的表计报废数量计算：单块电能表销毁破坏的平均用时从原先的917.0s降低至263.6s，节约用时654.3s。年可节省：270000÷35表/箱×654.3s/3600=1402.1h。

按照月均22个工作日，每日按照8h工时计算，总体提升工作效率：1402.1h÷12m÷（8×22）=66.39%。

传统的报废处理流程通常需要大量的人工操作和数据录入，容易出现信息错误和烦琐的手工工作，耗时较长。而引入装置后，报废申请、库存查询和报废处理等步骤都实现了自动化和智能化。系统自动记录报废日期和表的基本信息，自动核验报废申请的合规性，自动计算到期报废的数量，并智能优化报废处理路径，大大缩短了整个报废处理流程的时间。仓库管理员无需手动查询和核对信息，减少了烦琐的人工操作，提高了报废处理的效率。

（2）降低错误率。传统的报废处理流程容易出现人为错误，例如手动录入数据时可能出现录入错误，或者忽略某些报废申请导致误报废等情况。而该装置的应用使得整个报废处理过程实现了自动化和无人工干预，大大降低了错误率。RFID标签粘贴在每个电能表上，能够准确识别和记录每个电能表的信息，避免了数据误差和信息丢失的问题，提高了报废处理的准确性。

（3）节约成本。RFID技术的引入使得仓库信息实时监控和自动化处理成为可能，无需大量的人力资源和纸质文档，从而降低了运营成本。传统的报废处理流程需要大量的人工和纸质文件，不仅增加了企业的运营成本，还造成了资源的浪费。而RFID技术的自动化处理和数据同步功能，有效地减少了人力成本和纸质文件的使用，为能源企业节约了大量成本。

（4）优化库存管理。引入RFID技术在仓库管理方面取得了精确而显著的成效。根据数据统计，通过RFID读写器，仓库管理员的库存查询时间平均缩短了80%，从过去的

30 分钟减少至 6 分钟左右。在过去的一年里，库存查询的总时长减少了超过 260 个小时，使得仓库管理员能够更迅速、准确地获取库存信息。

总的来说，RFID 技术的引入使得仓库管理变得更加高效和准确。通过精确的数据统计，我们可以看到库存查询时间和报废处理效率都有了明显的提升，为能源企业带来了实实在在的经济和资源节约。

（5）提高企业形象与管理效率。不仅提高了报废处理的效率和准确性，还提升了企业的形象和管理效率。企业通过引入先进的 RFID 技术，展现了自身对数字化转型的重视和创新意识，树立了现代化管理的形象。同时，智能化报废处理流程的优化使得仓库管理更加智能高效，提高了管理效率，为企业的整体运营效率和竞争力带来了提升。

第九章 仓库管理制度

第一节 安 全 管 理

安全管理制度是指为了确保智能库房的安全运营，采取的一系列管理规定和措施。根据国家《安全生产法》及《消防法》的相关规定，依据"安全第一预防为主"的工作方针，特制定本办法。

一、人员安全管理和培训

（1）设立专门的安全管理部门或岗位，负责仓库的安全监管和管理。

（2）制定安全操作规程，规定仓库工作人员的职责和行为准则，确保操作规范。

（3）实施安全培训，确保仓库工作人员了解安全操作要求和应急处理方法，建立火灾预防和应急救援措施，以防范和应对可能出现的安全事故。

（4）建立事故报告和处理机制，及时记录和处理安全事故和隐患。

（5）定期进行安全演练，提仓库工作人员的应急处理能力。

（6）仓库管人员离开时必须关闭门窗，严禁无关人员随意出入仓库。

二、仓库设施和储存要求

（1）仓库存放计量设备，属于重点防火单位，必须专库专用，严禁存放其他物品，平安通道保持畅通。

（2）仓库货物实行安全检查和管理制度，仓库所有场地严禁吸烟，防止违禁品以及火种等危险品进入库内，仓库应有醒目的安全警示标志。

（3）仓库必须做到清洁、干燥，通风状况良好，湿度不大于75%。

（4）仓库内的规划区域要有明确标识（如：货品摆放区、分货区、发货区、送货区、自提区、暂放区、退货区、报废区、消防设施摆放区、平安通道等），仓库内计量设备应按标志分区存放，出入库管理遵循先进先出的原则，周转箱堆放要求为轻启轻放、重不压轻，周转箱交错式叠放不超过5层。

（5）仓库应根据智能高压互感器的特性和尺寸合理规划布局，确保货物之间有足够的空间，并避免堆放过高或过密。此外，应根据货物的特性和要求，选择适当的货架和储存设备，以确保货物的安全和易于管理。

三、设备维护和检查要求

（1）配置灭火器材，消防器材应设置在明显和便于取用的地点，周围不准堆放物品和杂物。

（2）消防设施和安保设施由专人负责定期检查，仓库资产员应熟练使用。

（3）仓库资产员应定期检查库存物资状况，每月盘点一次，确保库存设备不遗失不损坏。

第二节　设备管理及保养

设备管理制度是为了保障设备的正常运行和使用安全，采取的一系列管理规定和措施。为保证计量资产在出、入库过程中账物一致，满足省公司相关规范工作要求，提升计量资产出/入库效率，特制定本制度。

一、设备登记和记录

（1）对仓库中的设备进行逐一登记，建立设备台账，记录设备的型号、规格、序列号等信息。

（2）对设备使用、维修、更换等情况进行详细记录，确保设备档案完整、准确。

二、设备定期检查

（1）定期对仓库中的设备进行检查，包括设备的外观、性能、运行状态等。

（2）检查周期应根据设备的实际情况和使用频率确定，一般建议每季度或每半年进行一次。

（3）在检查过程中发现的问题应及时处理，确保设备正常运行。

三、设备维修与更换

（1）对于出现故障的设备，应进行及时的维修。判断故障原因，根据故障情况选择合适的维修方法。

（2）对于损坏严重的设备，应及时进行更换。选择同型号、同规格的设备进行更换，确保设备的兼容性。

（3）设备维修和更换应遵循相关操作规范，确保人员和设备安全。

四、设备清洁与保养

（1）定期对仓库中设备进行清洁，清理设备表面的灰尘、污渍，保持设备清洁。

（2）对于易受灰尘影响的设备，应采取密封等措施进行保护，避免灰尘进入设备内部。

（3）定期对设备的部件进行检查，对于损坏的部件及时进行更换，确保设备正常运行。

五、设备使用与操作培训

（1）对智能箱仓库中的设备使用规范和注意事项进行明确，确保人员正确使用设备。

（2）对设备操作人员进行培训，提高操作人员的技能水平，减少因操作不当导致的设备故障。

六、设备状态监测与故障诊断

（1）建立设备状态监测系统，实时监测设备的运行状态，发现异常情况及时报警。

（2）对于出现的故障，应进行诊断分析，找出故障原因，采取有效措施进行处理。

七、设备维护计划制订与执行

（1）根据设备的实际情况和使用需求，制订设备维护计划，明确维护周期、维护内容等。

（2）严格按照设备维护计划执行，确保设备的定期维护和保养。

八、设备安全与防护措施

（1）制定设备安全管理制度，明确设备操作的安全要求，确保人员和设备安全。

（2）对设备进行安全防护，如加装防护罩、安装急停开关，防止意外事故。

（3）制订应急预案，对于突发情况及时进行处理，减少设备损失。

九、设备档案建立与管理

（1）建立设备档案，记录设备的采购、使用、维修、报废等全过程。

（2）对设备档案分类管理，按照设备类型、使用部门等分类，便于查阅。

（3）定期对设备档案进行更新和维护，确保档案的完整性和准确性。

第三节　库房环境管理

一、库房主要环境指标要求

（1）动力电源要求交流 220/380V±10%，50Hz±1Hz，三相五线制。

（2）设备接地电阻＜4Ω，计算机地线接地电阻＜1Ω。

（3）保持库房内的温度和湿度在适宜的范围内，避免极端温度和潮湿的环境，以免对设备造成不良影响，温度：−25～＋60℃，湿度：＜75%。

（4）定期清理库房地面和设备表面，避免灰尘和污渍的积累，保持设备清洁。

（5）安装火灾报警系统，在库房内放置灭火器，以防设备发生火灾时进行紧急处理。配备门禁系统，可选择人脸、指纹、刷卡、密码、虹膜等技术，实现出入人员权限管理，同时对仓库各个分区配备视频监控设备，录像保存不少于 3 个月。

（6）仓库内应配备足够数量的照明灯具，具备分区、分组的控制措施，确保足够的照明亮度，方便操作和维护人员对设备进行检查和维修。各功能分区照度应符合 GB 50034—2004 中 4.1 的规定，储存区＞100Lx，作业区＞200Lx，出入库暂存区＞100Lx，机房＞200Lx。

（7）对库房进行整理，保持物品整齐有序，方便取用和查找。同时对设备进行标识，明确设备型号、规格等信息，方便管理和维护。

（8）日工作时间≥14h。

（9）8 小时等效声级不超过 65dB（A）。

（10）库房整体设计寿命不小于 20 年。

二、库房关键技术指标要求

（1）整体设计根据单位实际库房面积和库存容量规划设计，实现库容量最大化。

（2）库房出入库能力每小时大于等于 30 托。

（3）子母穿梭车的行走速度、载荷能力满足有关标准要求，满足出入库能力要求；定位精度高，实现库容量最大化。

（4）输送设备输送速度为（15～20）m/min 可调，输送平稳。

（5）托盘 RFID 一次读写成功率不小于 99.95%。

（6）货架全长尺寸极限偏差≤10mm；立柱与安装地面垂直偏差＜1/1000mm；横梁长度尺寸误差＜±1mm；横梁装配后两端高低误差＜±1mm；承载最大载荷时横梁挠度≤L/300。

第四节　库房制度管理

一、仓库日常管理

（1）各级仓库应设置管理员，负责仓库的日常维护工作，负责日常出入库及上、下级仓库间的协调交接等工作。

（2）二级仓库合格电能仓库存量至少满足两周用表需求，一般不超过一个月用表需求。

（3）三级仓库原则上不设箱仓库，库存二周内零星备表，轮换、新装等批量性用表直接由二级仓库结合月度需求计划进行配送。

（4）电能计量器具应区分不同状态分别存放，各存放点应有明显的类型标志，待装计量装置应分类、分规格放置。

二、库存量与计划管理

（1）计量室资产专职根据各三级仓库的月需求制月配送计划。每周按三级仓库管理人员上报的周计划结合月计划下发资产班，资产管理人员根据周计划对三级仓库进行配送。

（2）各级仓库管理人员应对所管辖的仓库进行日常巡视，对将达到低限的电能计量器具与终端应及时和上级仓库管理员联系配送。

三、配送管理

（1）计量室使用专用配送车将电能计量器具和采集设备配送至三级仓库，配送时间由计量室资产人员和三级仓库管理人员事先约定，一般相对固定。

（2）计量室将配送的电能计量器具和采集设备送达各三级仓库后，由三级仓库管理员与配送人员就全部电能计量器具和采集设备办理交接手续，确认营销系统流程与配送实物是否一致。

（3）当三级仓库管理人员发现配送物品与营销系统流程（配送单）不符时，应向配送人员讯问原因。当无法确认时，应拒收所配送物品，由计量室资产班班长查明原因，及时安排重新配送。

（4）当三级仓库管理员在进行配送物品核对时，应同时进行直观检查，确认所收的电能计量器具和采集设备的封印、外观等完好无损，确认数量正确，封印、外观等完好，则在《电能计量器具配送单》上签字交接。如发现个别物品有异常时，应与配送人员双方确认，同时汇报仓库负责人，确定解决方案。

（5）对于需在电表管理系统中进行结算的国网招标的电能表、省公司招标采集设备，三级仓库管理员在确认正确后，还应在《浙江省电能计量器具送货单》上签字确认。

（6）配送人员将确认的配送电能计量器具放置于仓库管理人员指定位置。

（7）当二级仓库向三级仓库配送时，遇有特殊情况时（如运表车故障等），资产管理人员/配送人员应即时告知资产班班长，资产班班长应及时向资产专职反映，由资产专职协调解决，或汇报上级领导。

四、仓库间调配管理

（1）由于上级仓库无法满足表计的配送需求时，同一产权单位的三级仓库之间可进行表计的调配。但调配需由用表单位出具联系单，经计量室相关负责人审批同意方可进行。

（2）在审批同意后，表计调配可在三级仓库之间进行，或通过二级仓库进行。仓库间的调配须填写调配单并由负责人签字确认，双方留底。

（3）不同产权单位的二级仓库之间不得进行表计的调配。

（4）特殊情况由计量室上报客户服务中心，由客户服务中心相关人员进行处理。

五、进出库管理

（一）二级仓库新表进库

（1）计量室资产班班长在营销系统中，按资产专职要求编制到货需求。由资产专职生成表计条形码。资产班班长在电表管理系统中将条形码上传。

（2）资产班班长在电表管理系统中接受厂家的送货申请，并在厂家约定到货的时间接收表计（采集设备）。

（3）资产管理人员在表计（采集设备）到货后，对表计进行外包装、箱条形码等外观检查后，由送货人员将表计放置在新仓库相应位置并挂牌。同时在营销系统中建档，并按营销系统流程进行相关处理。

（二）配送/检定表计进库

包括接收上级仓库配送表计的进库以及检定表计进库。

（1）各级仓库（二级仓库和三级仓库）管理人员对上级表计配送的表计进行核对确认，并在营销系统中对相应配送流程进行入库操作。

（2）二级仓库管理人员将检定合格的表计按营销系统流程进行入库操作，并将表计放置合格表计存放区。资产管理人员将检定不合格的表计在营销系统内进行入库操作，将表计放置旧表存放区。

（三）退回表计进库

（1）各县局二级仓库管理员将退役拆需重复利用的表计或故障、申校均需退还市局计量室。仓库管理员在营销系统中发起回退流程，并打印配送清单。二级仓库管理人员根据清单结合系统内流程进行核对，一致的进行入库操作。

（2）各分中心、供电营业所拆回表计（包括故障拆回、申请校验表计），不论可否再使用均须退还计量室仓库。由三级仓库人员在时限内将电能计量器具采集设备整理装箱后连同装接单及相关清单统一回退到二级仓库。二级仓库人员将全部回退电能计量器具和采集设备进行状态处理，并分类存放。

（四）配送出库

（1）二级仓库管理员按配送制度将合格表计和采集设备按要求进行出库操作。

（2）三级仓库管理员应关注仓库内表计存量及检定时间，对检定日期超过六个月的表计及时整理，并制定配送流程回退至二级仓库。二级仓库管理员对库存合格超期六个月的表计进行整理，并在营销系统内制定配送流程，将表计送至省计量中心，也可结合省计量中心的配送工作将表计送回省计量中心。

（五）领用出库

（1）装接人员必须持装接单才能到三级仓库领表，三级仓库管理人员根据装接单上的条形码将表计和采集设备交给来领人员，并保存装接人员签字确认的装接单存根联。

（2）三级仓库管理人员按装接单流程号在营销系统中进行领用出库操作。

（六）返厂出库

（1）检定不合格表计、存在质量隐患的表计、运行批量故障的表计，由计量室相关人员联系相应厂家，确认返厂方案及返厂时间。

（2）资产管理人员按厂家进行表计的整理，在厂家对表计数量进行确认后，进行出库操作。

（七）报废出库

（1）客户服务中心资产管理人员应按期进行待报废表计的报废申请。

（2）在申请经过相关审批后，将报废设备进行出库操作。

六、库存盘点管理

（1）对采用智能仓储管理模式的库房管理单位有限时要求，应每年至少对计量资产库房进行一次盘点。

（2）库房管理单位在盘点期间停止各类库房作业，库房盘点至少安排两人同时参与，需指定盘点人和监盘人。盘点人在盘点前应检查当月的各类库存作业数据是否全部入账。对特殊原因无法登记完毕时，应将尚未入账的有关单据统一整理，编制结存调整表；将账面数调整为正确的账面结存数。被盘点库房管理人员应准备"盘点单"，做好库房的整理工作。

（3）盘点人员按照盘点单的内容，于现场对库房计量资产实物进行盘点。资产盘点后，存在两种结果分为两种，第 1 种信息系统内资产信息与实物相同，第 2 重是实物与信息系统内信息不一致，一是信息系统内无该资产信息，但存在实物资产；二是信息系统内存在该资产信息，但无实物资产。

（4）结果处理。盘点结束后，库房管理单位编制盘点报告，并将盘点结果录入相关信息系统，同时上报归口管理单位。

（5）各级单位库房管理人员将信息系统内无资产信息但存在实物资产的物资调配至应属库房；如无库房信息，各级单位应在 MDS 或营销业务应用系统进行台账调整处理，保证实物与信息系统信息一致。

（6）各级单位库房管理人员应分析实物与信息系统信息不一致的原因，如属物资调配错误的，由各级库房管理人员重新对物资进行库房调配；属于资产丢失的，按照丢失流程处理，需明确相关责任人，确定相应赔偿金额，填写计量资产遗失单，并录入 MDS 或营销业务应用系统。

由营销业务应用系统按一定周期发起盘点任务，对周转柜中的计量器具进行盘点，盘点结果与营销业务应用系统中信息进行比对处理的业务操作。

周期盘点支持扫描工单和输入工单号两种方式；登录后点击首页扫描工单或者点击信息框点击盘点工单输入工单号两种方式。

根据按界面及语音提示，用无线扫描枪进行扫描表计条码进行盘点操作，操作结束按语音提示关门，将盘点结果（体现盘盈、盘亏结果）提交至营销系统上。

结束单表柜盘点后将进行箱表柜的盘点，按提示扫描周转箱内的条码。

七、拆回表库管理

（一）拆回表库的设置

（1）拆回表库应具有防潮、防尘、防震等措施，满足电能计量器具储存要求。

（2）电能计量器具应区分不同状态分别存放，各存放点应有明显的类型标志。

（二）拆回表的进出库管理

（1）要求拆回表计装入周转箱存放，并在周转箱侧面标注拆回区域、退库流程编号、箱内表计数量等相关信息，以便在留存期内迅速查找。

（2）每季度执行一次到期清理，若有报废申请的表计应在当月 20 日前提交鉴定申请单。实物由省计量中心进行鉴定，可利旧的未装出老式电能表应由省计量中心统筹省内检定资源逐只进行检定，检定不合格的予以报废销毁。

（3）检定合格的根据处置方案统一调配，宜用于原无电地区的电能表新装和轮换，或已运行同类型老式电能表的故障抢修备品。

（4）电能表运行管理单位填写报废处置流转单，即由资产班形成电子文档（含数量、型号、废旧类型等）上报计量部（组）资产专职，资产专职初审同意后上报地市（县）营销部和相关管理部门，签字确认后，由计量资产班联系物资部门申请实物报废，并落实专人在营销业务系统中完成报废任务。固定资产类电能表处置流转单需经营销、财务、物资部门签字；材料类电能表处置流转单需经营销、物资部门签字。对采用销毁方式处置的电能表，由本单位物资部门集中组织处理，销毁过程应有营销、监督部门人员参加"监销"。

第五节　标准化建设

为了确保其运营和管理符合一定的标准和规范，以提高效率、安全性和可持续性，建立仓库标准化建设关键要点：

（1）设立标准化建设团队：成立专门的团队负责智能库房的标准化建设，由专业人员制定相关标准和规范。

（2）制定运营规程：制定智能库房的运营规程，包括库内货物管理、设备操作规范、安全措施、紧急应急预案等内容，确保库内运营有序和高效。

（3）设备标准化：选择符合标准的设备和技术，确保设备互联互通、兼容性强，提高自动化水平。

（4）安全标准化：建立智能库房的安全标准，包括设备安全、防火防盗措施、工作人员安全培训等，以保障库内人员和货物的安全。

（5）数据标准化：确立数据管理标准，包括数据采集、存储、分析和共享，以提高库存管理和运营效率。

（6）环境标准化：制定智能库房的环境保护标准，包括节能减排、废物处理等，推动绿色可持续发展。

（7）培训与认证：对库内工作人员进行标准化培训，并进行认证，确保他们能够遵守相关标准和规范操作。

（8）定期审核：建立定期审核制度，对智能库房的运营和管理进行检查，发现问题及时纠正和改进。